Le Nang Dinh

Variabilité de la Composition des Eaux Résiduaires Urbaines

AF190432

Le Nang Dinh

Variabilité de la Composition des Eaux Résiduaires Urbaines

Relations entre la variabilité de la pollution urbaine et
le contexte socio-culturel du bassin de collecte

Presses Académiques Francophones

Impressum / Mentions légales

Bibliografische Information der Deutschen Nationalbibliothek: Die Deutsche Nationalbibliothek verzeichnet diese Publikation in der Deutschen Nationalbibliografie; detaillierte bibliografische Daten sind im Internet über http://dnb.d-nb.de abrufbar.

Alle in diesem Buch genannten Marken und Produktnamen unterliegen warenzeichen-, marken- oder patentrechtlichem Schutz bzw. sind Warenzeichen oder eingetragene Warenzeichen der jeweiligen Inhaber. Die Wiedergabe von Marken, Produktnamen, Gebrauchsnamen, Handelsnamen, Warenbezeichnungen u.s.w. in diesem Werk berechtigt auch ohne besondere Kennzeichnung nicht zu der Annahme, dass solche Namen im Sinne der Warenzeichen- und Markenschutzgesetzgebung als frei zu betrachten wären und daher von jedermann benutzt werden dürften.

Information bibliographique publiée par la Deutsche Nationalbibliothek: La Deutsche Nationalbibliothek inscrit cette publication à la Deutsche Nationalbibliografie; des données bibliographiques détaillées sont disponibles sur internet à l'adresse http://dnb.d-nb.de.

Toutes marques et noms de produits mentionnés dans ce livre demeurent sous la protection des marques, des marques déposées et des brevets, et sont des marques ou des marques déposées de leurs détenteurs respectifs. L'utilisation des marques, noms de produits, noms communs, noms commerciaux, descriptions de produits, etc, même sans qu'ils soient mentionnés de façon particulière dans ce livre ne signifie en aucune façon que ces noms peuvent être utilisés sans restriction à l'égard de la législation pour la protection des marques et des marques déposées et pourraient donc être utilisés par quiconque.

Coverbild / Photo de couverture: www.ingimage.com

Verlag / Editeur:
Presses Académiques Francophones
ist ein Imprint der / est une marque déposée de
OmniScriptum GmbH & Co. KG
Heinrich-Böcking-Str. 6-8, 66121 Saarbrücken, Deutschland / Allemagne
Email: info@presses-academiques.com

Herstellung: siehe letzte Seite /
Impression: voir la dernière page
ISBN: 978-3-8416-3046-9

Zugl. / Agréé par: Nancy, Université de Lorraine, 2013

TABLE DES MATIÈRES

LISTE DES ABREVIATIONS

Abréviations et sigles

ACP	Analyse en Composantes Principales
ACPA	Analyse en Composantes Principales Adaptative
ADEME	Agence de l'Environnement et de la Maîtrise de l'Energie
AINS	Anti-inflammatoire non stéroïdien
AMPERES	Analyse des Micropolluants Prioritaires et Emergents dans les Rejets et les Eaux de Surface
ANSES	Agence Nationale de SEcurité Sanitaire, Alimentation, Environnement et Travail
CDT	Comité Départemental du Tourisme
CEMAGREF	L'institut national de recherche en sciences et technologies pour l'environnement et l'agriculture
CHU	Centre hospitalier universitaire
COT	Carbone Organique Total (mg/L)
COV	Carbone organique volatile
CP	Composante Principale
CUGN	Communauté Urbaine du Grand Nancy
DBO	Demande biologique en oxygène (mgO_2/L)
DBO_5	Demande Biochimique à 5 jours (mgO_2/L)
DCE	Directive carde sur l'eau
DCO	Demande Chimique en Oxygène (mgO_2/L)
DRIRE	Direction Régionale de l'Industrie et de la Recherche
DTO	Demande Totale en Oxygène (mg/L)
EH	Equivalent habitant
EPRTR	European Pollutant Release and Transfer Register
FNDAE	Fonds National pour le Développement des Adductions d'Eau potable
FTU	Unité Formazine de Turbidité
GTC	Gestion Technique Centralisée
HAP	Hydrocarbures aromatiques polycycliques
HLM	Habitation à Loyer Modéré
IAO	Indices Azurants Optiques
ICP-AES	Inductively Coupled Plasma - Atomic Emission Spectroscopy
ICP-MS	Inductively coupled plasma mass spectrometry
IFEN	Institut français de l'environnement
INERIS	Institut National de l'Environnement Industriel et des RISques
INRA	Institut national de la recherche agronomique
INSEE	Institut National de la Statistique et des Etudes Economiques
IREP	Registre Français des émissions polluantes
L.H.R.S.P	Laboratoire Hygiène Régional en Santé Publique

LC-MS/MS	Chromatographie liquide couplée à la spectrométrie de masse en tandem
LOREAT	Lorraine, Eau, Assistance Technique
MA	Matières azotées, ammoniacales et organiques
MES	Matières en Suspension (mg/L)
MEST	Matières en suspension total (mg/L)
MP	Matières phosphorées, exprimées en poids de phosphore
MVS	Matières volatiles en suspension
NANCIE	Centre International de l'Eau, Nancy
NPOC	Carbone Organique Non- Purgeable
NTK	Azote total Kjeldahl (azote organique +N-NH4+) (mgN/L)
NTU	Unité Néphélométrique de Turbidité
NUS	Group est un cabinet de conseil indépendant spécialisé dans la gestion des coûts de l'énergie
ONEMA	Office National de l'Eau et des Milieux Aquatiques
OPHLM	Office public d habitations à loyer modéré
PME	Petites et moyennes entreprises
PMMA	Polyméthacrylate de méthyle
POC	Carbone Organique Purgeable
PVC	Le polychlorure de vinyle
SATESE	Service d'Assistance Technique aux Exploitants des Stations d'Epuration
SAUR	Société d'Aménagement Urbain et Rural
SIAAP	Syndicat interdépartemental pour l'assainissement de l'agglomération parisienne
SIERM	Système d'Information sur l'Eau Rhin-Meuse
SIG	Système d'information géographique
SIRENE	Système Informatique pour le Répertoire des Entreprises et de leurs Établissements
SIVOM	Syndicat intercommunal à vocations multiples
SOeS	Service de l'observation et des statistiques du ministère de l'Écologie, du Développement durable, des Transports et du Logement Onema : Office national de l'eau et des milieux aquatiques.
SSP	Service des statistiques, de l'évaluation et de la prospective du ministère de l'Agriculture, de l'Alimentation, de la Pêche, de la Ruralité et de l'Aménagement du territoire
STEP	Station d'épuration
WDNR	Département de Ressources Naturelles du Wisconsin

Symboles latins et grecs

A	absorbance	(U.A)
A_{254}	absorbance à 254 nm	(U.A)
A_{546}	absorbance à 546 nm	(U.A)
A_λ	absorbance de la solution pour une longueur d'onde (λ)	
C_{abs}	concentration de l'espèce absorbante	(mol/L)
C	concentration en oxygène dissous	(mgO$_2$/L)
C_A	concentration de l'ion A	(mol/L)
dC_A	variation de la quantité d'acide fort ajoutée	(mL)
dC_B	variation de la quantité de base forte ajoutée	(mL)
F	intensité de fluorescence	(U.A.)
Fx,y	fluorescence à la longueur d'onde d'excitation x et d'émission y	(U.A.)
i	pente hydraulique	(en m/m)
I	intensité de la lumière transmise	(cd)
I_0	lumière d'intensité passe à travers une solution	(cd)
K	coefficient de rugosité, dit de Strickler	($m^{1/3}.s^{-1}$)
n	coefficient de Manning	
K'	constante dépendant du rendement quantique de fluorescence	
l	longueur du trajet optique	(cm)
m	nombre d'échantillons	
Nx	absorbance normalisée à la longueur d'onde x	(U.A.)
P	puissance du faisceau après traversée dans le liquide	
P_0	puissance du faisceau incident	
p_i	vecteurs propres	
Pm	périmètre mouillé	(m)
Rh	rayon hydraulique	(m)
Sm	section mouillée de la canalisation	(m²)
Surf	surface d'un spectre d'absorbance	(mg/L)
T	turbidité	(FTU)
V	vitesse d'écoulement	
ε	coefficient d'absorption molaire	(L/mol/cm)
ε_λ	coefficient d'extinction molaire de l'espèce absorbante en solution à cette longueur d'onde λ	(L/mol/cm)
λ	longueur d'onde	(nm)
λ_A	conductivité équivalente de l'ion A	($mS.m^2.mol.^{-1}$)

LISTE DES FIGURES

LISTE DES TABLEAUX

INTRODUCTION GENERALE

La gestion de l'eau et des eaux usées est une problématique importante du 21ème siècle. De gros efforts sont faits pour diminuer la consommation d'eau et optimiser le traitement des eaux résiduaires afin d'améliorer la qualité des eaux de surface et souterraines. Cette gestion de l'eau touche aussi bien l'industrie que les utilisations domestiques.

De nombreux travaux sont donc réalisés afin d'améliorer la gestion de l'eau, le traitement des eaux usées et des eaux potables et son acheminement par les réseaux. Cette thèse se situe dans ce cadre général mais de façon plus précise sur l'anticipation et la prédiction de la composition (en termes de macro et de micropollution) et des débits d'eaux usées attendues en entrée de station d'épuration.

Les procédés d'épuration des eaux usées reposent sur la capacité des bactéries à dégrader la pollution organique en l'utilisant pour leur propre développement. Les paramètres classiques contrôlés par les autorités et qui permettent de définir l'efficacité d'épuration d'un traitement biologique sont basés sur l'élimination de la macropollution : les matières en suspension et la pollution organique carbonée, azotée et phosphorée. Les procédés d'épuration des eaux usées, initialement conçus pour l'abattement de la macropollution, ne sont pas forcément adaptés à l'élimination des micropolluants qui sont une forte préoccupation actuelle.

Une meilleure anticipation de la variabilité de la pollution arrivant dans les installations de traitement des eaux résiduaires permettrait une amélioration de leur conduite et donc de leur performance. La variabilité de la composition et du débit des eaux résiduaires urbaines dépend d'éléments « quasi » périodiques (liés à l'activité humaine à l'échelle journalière, hebdomadaire, annuelle) et d'éléments aléatoires (météorologie), auxquels se surimposent des tendances à long terme (modifications du réseau de collecte, de style de vie, de la démographie du bassin de collecte, en terme de répartition spatiale et par classe d'âge, etc...). A plus long terme un modèle de la variabilité de la pollution tenant compte des caractéristiques socio-économiques permettrait de vérifier le fonctionnement des installations face à des scénarios tels que le traitement à la source de certaines formes de pollution. Les bases d'un tel modèle ont été posées dans le cadre du projet « Benchmark Simulation Model » ou BSM. Ce projet, initié dans le cadre d'Actions COST il y a une quinzaine d'années puis développé dans celui d'un groupe de travail de l'International Water Association, vise à développer un outil permettant de comparer les stratégies de surveillance et de contrôle des stations de traitement d'eaux résiduaires urbaines.

Ce travail de thèse s'inscrit dans la nécessité d'accroître nos connaissances sur la présence de la macropollution et de certains micropolluants dans le milieu urbain afin de contribuer à l'élaboration du modèle décrivant l'influent de BSM. Le but du présent projet vise à raffiner les pollutogrammes de base en fonction du type d'habitant, en prenant par exemple en compte son âge, ses déplacements domicile-travail, etc...) : en effet un « actif » peut distribuer sa pollution suivant sa localisation (domicile – travail) ce qui aura un impact

1

en terme de temps de transport dans le réseau. D'autre part la consommation d'eau d'un « actif » diffère de celle d'un « inactif », qu'il soit une personne âgée ou un enfant (Montginoul, 2002). On cherche aussi à tenir compte du ruissellement non seulement sur les surfaces imperméabilisées mais aussi sur les espaces verts, notamment dans le cas d'un réseau unitaire.

De façon plus générale, au niveau des pays où ces technologies sont bien développées (USA, Europe...) elle permettra de prendre en compte le facteur socio-économique dans le choix et la conduite des installations d'épuration. Elle permettra aussi de prévoir les conséquences de la séparation des effluents et des eaux pluviales à la source (habitations).

Ce travail de thèse est organisé en quatre chapitres.

Le premier chapitre de ce manuscrit présente la synthèse bibliographique des connaissances actuelles. La première partie présente diverses données sur la composition des effluents urbains et le réseau d'assainissement. Une deuxième partie présente la variabilité spatio-temporelle des eaux résiduaires urbaines, les relations entre le comportement socio-économique des populations et la composition et le débit d'eaux usées. Une description de différentes méthodes de caractérisation rapide des eaux usées, dont certaines ont été mises en oeuvre dans ce travail, est ensuite proposée.

Le deuxième chapitre, divisé en trois parties, décrit les matériels et méthodes utilisés ou mis en place au cours de cette thèse. La première partie présente les différents sites d'étude choisis. La deuxième partie présente les méthodes d'analyse de l'espace urbain. Dans troisième partie sont décrites les méthodes de prélèvements et de mesure du débit. La suite est une description des méthodes analytiques employées pour la caractérisation des eaux usées.

Le troisième chapitre est consacré à l'analyse socio-économique et géographique. Dans un premier temps une analyse de la démographie et des déplacements domicile-travail est introduite. La seconde partie de ce chapitre concerne l'analyse espace urbain, en s'attachant à l'occupation et/ou l'utilisation du sol.

Le dernier chapitre présente l'ensemble des résultats des campagnes de prélèvement effectuées sur les différents sites. La deuxième partie de ce chapitre s'attache à mettre en évidence la variabilité de caractérisation des eaux résidentielles en fonction des contextes géographique et socio-culturel : le rythme de vie des habitants à l'échelle de la journée, de la semaine, de la saison et de l'année.

Ce manuscrit se termine par une synthèse des principaux apports de ce travail, et présente les perspectives de recherche pour de futurs travaux.

CHAPITRE 1. ETUDE BIBLIOGRAPHIQUE

Cette étude bibliographique se divise en trois parties.

La première partie (I.1) concerne des informations relativement générales. A la section (I.1.1), on y trouve la directive Cadre européenne, qui permettra d'analyser le cadre législatif dans lequel se situe le contexte de ce travail. La deuxième section (I.1.2) est consacrée au réseau d'assainissement et types d'eau résiduaire, et la dernière section (I.1.3) présente diverses données sur la composition des eaux résiduaires urbaines.

La deuxième partie (I.2) est le cœur de cette étude bibliographique. Elle présente la variabilité spatio-temporelle des eaux résiduaires urbaines et les études déjà réalisées sur les relations entre le comportement socio-économique des populations et la composition et les flux d'eaux usées. Elle se divisera en deux sous-parties. La section (I.2.1) concerne la variabilité des caractéristiques des eaux liée aux activités humaines. On s'intéresse en particulier aux micropolluants traditionnels ou émergents, tels que les métaux lourds, les ions majeurs, les pesticides, les produits d'entretien d'origine domestique, et autres pollutions. La section (I.2.2) présente les études relatives aux eaux de ruissellement.

La troisième partie (I.3) présente les différentes méthodes de caractérisation rapide des eaux usées. Ces méthodes sont intensives ou extensives, centralisées, autonomes ou semi-autonomes. Elle se divise en deux sous-parties. La section (I.3.1) est consacrée aux paramètres classiques pouvant être mesurés en ligne sur les eaux usées domestiques. La seconde section (I.3.2) décrit les méthodes optiques permettant de déterminer des paramètres globaux de pollution.

I.1   Introduction

I.1.1   La directive cadre européenne

Le Directive Européenne n° 91/271 du 21 mai 1991 traduite en droit français par la loi sur l'eau du 3 janvier 1992 exige la collecte et le traitement des eaux usées domestiques sur l'ensemble du territoire français au 31 décembre 2005. Cette directive impose notamment de mettre en place un traitement des eaux usées urbaines avec des normes de rejet strictes en fonction du milieu récepteur et des mesures de prévention de tout risque de contamination des eaux de surface et souterraines. Le décret d'application n° 94-469 du 3 juin 1994 organise la programmation de l'assainissement dans les agglomérations. Il apporte également des précisions sur les notions de zones d'assainissement collectif et non collectif et de zones sensibles. Pour les petites communes qui ne possèdent pas à ce jour d'installation de traitement des eaux usées et qui s'apprêtent à en construire, le choix du système approprié est délicat et n'est pas sans conséquence : il dépend directement de la nature et de la quantité des eaux usées à traiter. Il est alors indispensable de tenir compte de la variabilité des effluents car il y a risque de surdimensionnement des ouvrages et donc d'augmentation des frais de fonctionnement et d'investissement. Quant aux installations existantes, elles doivent respecter des contraintes de rejets et ne sont autorisées à ne pas les respecter que dans un nombre restreint de cas. La conduite des ouvrages, notamment pour le traitement de la pollution azotée, est délicate et dépend fortement de la variabilité temporelle de la charge polluante. Depuis 2006, dans toutes les agglomérations de plus de 2 000 habitants, les eaux usées rejetées par les différents utilisateurs doivent être traitées dans des stations d'épuration. Tout le monde est concerné, puisque même ceux qui ne dépendront pas d'un réseau d'assainissement collectif devront disposer d'un système d'assainissement autonome.

La Directive Cadre sur l'Eau (2000/60/CE), mise en place en octobre 2000 par l'Union Européenne, fixe quant à elle des objectifs pour la préservation et la restauration de l'état des eaux de surface, côtières mais aussi souterraines - à savoir atteindre d'ici 2015 un bon état général des différents milieux aquatiques et des bassins versants. Pour atteindre cet objectif, de nombreuses actions doivent être mises en place comme par exemple le développement de réseaux de surveillance disposant de moyens de mesure renforcés ou encore la mise au point de méthodes d'analyse et de suivi de micropolluants. Dans le cadre de cette directive, une liste de polluants prioritaires à éliminer est également mise à jour tous les quatre ans : elle comptait 41 polluants en 2008 (33 substances prioritaires de l'annexe X de la Directive 2000/60/CE et les substances de la Liste I de la Directive 76/464/CE). Une révision est en cours, laquelle devrait porter la liste à 48 substances. Il a été préposé que des hormones et des médicaments en fassent partie.

Dans notre étude, nous souhaitons porter une attention particulière sur la relation entre les caractéristiques des eaux usées et les différents types urbains selon le contexte géographique et socio-culturel. La pollution d'origine domestique reflète le comportement de la vie quotidienne. Les eaux domestiques sont issues du nettoyage des intérieurs, du linge, de la vaisselle, des eaux de cuisson, des soins hygiéniques, des toilettes, etc. Cette pollution est engendrée, entre autres, par les traitements médicaux (antibiotiques, analgésiques, hormones, anticancéreux, etc.), les produits d'usage corporel (savons, crèmes, dentifrices, etc.), les produits d'entretien (détergents), etc. Dans les réseaux d'assainissement unitaire, les ruissellements en provenance des jardins (privatifs ou publics) ainsi que des espaces verts sont susceptibles d'apporter des pesticides et des engrais. L'analyse et le suivi des paramètres caractérisant les polluants classiques, mais aussi émergents dans les réseaux d'eaux urbaines sont donc fondamentaux non seulement pour la protection de la santé et des écosystèmes, mais aussi, pour évaluer l'efficacité des traitements des eaux usées employés par les stations d'épuration.

I.1.2 Réseaux d'assainissement et types d'eaux résiduaires

Il existe donc plusieurs types d'eaux usées. Un premier type correspond aux « eaux usées domestiques » qui proviennent des différents usages de l'eau dans les habitations. Elles peuvent être subdivisées en deux catégories :

- les eaux grises qui correspondent aux eaux issues des salles de bain et des cuisines et qui sont généralement chargées de substances plus ou moins biodégradables (résidus de nourriture, graisses, ...), de détergents, de produits désinfectants (hypochlorites, perborates, alcools, glycols, ammoniaque, aldéhydes, ...), décapants et détartrants, mais aussi de bactéries (douches, bains). Elles peuvent éventuellement contenir des solvants pour le bricolage (xyloprotecteurs, peintures, vernis, colles, ..). En général, leur composition dépend de l'activité urbaine et elles sont tièdes ou chaudes. Elles contiennent ainsi une large gamme de polluants.

- La seconde catégorie est dite « eaux de vannes ». Elles sont issues du rejet des toilettes et contiennent des substances azotées (azote ammoniacal et organique), du phosphore des bactéries, mais aussi des métaux issus du métabolisme humains (cuivre, zinc, etc). On peut alors distinguer : les eaux noires (chargées d'excréments), les eaux jaunes (chargées d'urine) et les eaux brunes (mélange des deux précédentes). Elles sont chargées aussi de produits médicamenteux (principes actifs non métabolisés et métabolites).

- De façon globale ces eaux domestiques peuvent aussi apporter des métaux de par la conception même du réseau d'alimentation en eau potable (cuivre, plomb) et d'assainissement.

Le second type d'eaux usées correspond aux rejets des industries et assimilés (artisanat, négoce) qui peuvent également être introduits dans les systèmes d'assainissement collectif publics théoriquement uniquement avec l'autorisation des maîtres d'ouvrage concernés (Code de la santé publique, article L 1331.10). La pollution de ces eaux varie fortement en fonction du type d'industrie et de l'utilisation de l'eau. Les polluants sont des métaux lourds, des micropolluants organiques, des hydrocarbures. Il faut aussi tenir compte des rejets de certains types d'artisanat (blanchisserie, coiffure, etc.) qui ne sont pas forcément encore bien gérés. Les restaurants doivent ainsi installer des bacs de récupération des graisses avant rejet des eaux dans le réseau. De même les garagistes doivent récupérer les huiles de vidange.

Enfin, le troisième type correspond aux eaux pluviales qui se chargent d'impuretés au contact de l'air (fumées industrielles) et de résidus (huiles, carburants, résidus de pneus, métaux lourds, ...) en ruisselant sur les toits et les chaussées des villes. Elles peuvent également contenir des résidus d'engrais et de pesticides.

Le principe de l'assainissement collectif est d'organiser la collecte des eaux usées depuis les logements jusqu'à une station d'épuration et des eaux pluviales jusqu'à un bassin de stockage ou un exutoire naturel. Le réseau de collecte comprend une partie privée et une partie publique. Pendant longtemps, les réseaux collectifs étaient de type unitaire. Les eaux usées et les eaux pluviales étaient alors collectées dans les mêmes ouvrages et mélangées. Le transport des eaux usées dans les collecteurs se fait en général par gravité, c'est-à-dire sous l'effet de leur poids. Lorsque la configuration du terrain ne permet pas un écoulement satisfaisant des eaux collectées, on a recours à différents systèmes (pompage et stations de relevage) pour faciliter leur acheminement. Les canalisations actuelles sont le plus souvent en béton, parfois en fonte ou en PVC (notamment au niveau des raccordements entre le domicile et la voie publique) et plus rarement en acier. On peut encore trouver, notamment dans le cœur des villes anciennes, des collecteurs en pierre ou en brique (Paris, Londres, New-York, etc). En amont, divers ouvrages protègent (ou essayent de protéger …) le réseau d'assainissement contre l'intrusion de matières indésirables. Des grilles permettent normalement d'éviter l'entrainement de macro-déchets venant de la voie publique (branches, bouteilles, etc.) notamment par temps de pluie. On trouve des séparateurs à hydrocarbures dans les stations-service et les aéroports (pour lesquels les liquides de déverglaçage posent aussi problème (Wejden et Ovstedal, 2006)).

La variation du flux polluant entrant dans la station n'est pas seulement liée à l'activité humaine (variations journalière, hebdomadaire, saisonnière) mais aussi à la météorologie car les flux d'eaux pluviales peuvent très fortement varier. Pour remédier aux inconvénients qui en résultent, des réseaux séparatifs ont été construits. Ils sont constitués de deux systèmes de collecte spécialisés : un pour les eaux usées, l'autre pour les eaux pluviales. Cette solution assure un meilleur fonctionnement des stations d'épuration en évitant une trop forte dilution de la pollution par temps de pluie. Elle permet par ailleurs théoriquement un traitement spécifique des eaux pluviales avant rejet dans le milieu naturel. L'inconvénient est la présence de mauvais branchements qui génèrent des déversements d'eaux usées domestiques même par temps sec sans traitement.

Dans les zones rurales à habitat dispersé, la réalisation d'un assainissement collectif devient très compliquée et coûteuse. Dans ce cas, on peut privilégier le traitement autonome (fosse septique ou micro-station) (Godart, 2001), ou à la source (séparation des eaux grises, noires et jaunes par exemple comme cela a été proposé initialement en Scandinavie, en Suisse ou en Allemagne (Wilderer, 2004 ; Green et al., 2005), mais aussi en Asie (Malisie et al., 2007), aux USA (Lamichhane et Babcock, 2013). Un système autonome permet de traiter et de rejeter les eaux usées d'un logement sur la parcelle de terrain où il est situé. La pollution des eaux restante après le traitement autonome est éliminée par l'action des microorganismes contenus naturellement dans le sol. Lorsque le sol possède une perméabilité suffisante, il joue directement le rôle de filtre. Bien dimensionné le système autonome peut couvrir les besoins d'assainissement de plusieurs logements. De plus en plus, en application de la législation, des petites stations d'épuration basée sur des procédés « rustiques » comme le lagunage, les filtres plantés de roseaux, etc. ne nécessitant qu'un apport minime d'énergie électrique peuvent être proposées pour assainir les effluents.

I.1.3 Composition des eaux résiduaires

Comme cela a été dit précédemment, les eaux résiduaires proviennent des activités domestiques, industrielles et commerciales ainsi que du ruissellement des eaux de pluie sur les surfaces imperméabilisées ou non. Ces catégories d'eaux usées sont communément appelées respectivement eaux domestiques, effluents industriels (et assimilés), et eaux pluviales. Elles peuvent contenir de nombreuses substances, sous forme solide ou dissoute, ainsi que de nombreux micro-organismes. Les types de pollution des eaux usées domestiques sont communément classés en termes de (Henze et Ledin, 2001) :

- matières organiques (biodégradables ou non biodégradables),
- substances nutritives: azote et phosphore
- micro-organismes (bactéries pathogènes, virus, etc.),
- mésopollution, due notamment aux ions majeurs présents à des concentrations de quelques mg/L
- micropollution, minérale (notamment due aux métaux lourds) et organique : les substances en cause sont présentes à des concentrations de quelques µg/L et souvent moins (ng/L, pg/L).

I.1.3.1 Les matières organiques

Les matières organiques regroupent un nombre important de substances hétérogènes carbonées d'origine végétale et animale. La nature des matières organiques peut être définie de différentes façons :

- nature chimique : lipides, protéines, composés humiques,
- aspect granulométrique : matières organiques particulaires, solubles, colloïdales,
- biodégradabilité

La relation entre la nature des matières organiques et leurs propriétés n'est pas simple du fait de cette grande diversité. On utilise souvent le classement suivant, en trois types (Henze et al, 2000), selon leur biodégradabilité :

- une pollution rapidement biodégradable : les bactéries hétérotrophes la décomposent rapidement dans des conditions aérobies ou anaérobies,
- une pollution lentement biodégradable : ce sont des molécules de haut poids moléculaire et des substrats organiques colloïdaux ou particulaires.
- une pollution non biodégradable (voire très lentement biodégradable c'est-à-dire suffisamment lentement pour que cela ne puisse pas être mis en évidence dans les procédés de traitement des eaux résiduaires communément mis en jeu). Dans cette classe rentrent en fait aussi des micropolluants organiques récalcitrants, non identifiés, mais dont la somme des concentrations atteints plusieurs mg/L en termes de Demande Chimique en Oxygène.

Le tableau 1.1 présente l'origine de différents types de composés organiques (Metcalf et Eddy, 1991) susceptibles de se trouver dans les eaux résiduaires urbaines.

Substances	Types d'eau
Hydrocarbures :	Eaux domestiques, industrielles et assimilées
Matières grasses et huiles :	Eaux domestiques, industrielles et assimilées
Pesticides :	Lessivage de surfaces (jardins, espaces verts, voieries) ayant reçu des traitements
Phénols :	Résidus industriels
Protéines :	Eaux domestiques, industrielles et assimilées
Tensioactifs	Eaux domestiques, industrielles et assimilées
Composés organiques volatils	Eaux domestiques, industrielles et assimilées

Tableau 1.1 : Les différentes classes de composés organiques et leur origine (modifié d'après Metcalf et Eddy, 1991)

En pratique des paramètres globaux sont utilisés pour quantifier la pollution organique :
- Matières En Suspension (MES): c'est la quantité de pollution organique et minérale particulaire présente dans l'eau (Gomella et Guerree, 1978). Elle correspond au résidu après filtration (habituellement sur un filtre en fibres de verre) puis dessiccation à 105 °C pendant 24 heures. Les MES sont responsables d'ensablement et de baisse de pénétration de la lumière dans les eaux de surface, ce qui entraîne une diminution de l'activité photosynthétique et une chute de la productivité du phytoplancton. Les solides totaux (MEST) sont obtenus par dessiccation à 105 °C pendant 24 heures sans filtration préalable de l'échantillon.
- Matières en Suspension Volatiles (MVS) : c'est la part de la pollution particulaire (MES) qui provient de la matière organique. Elle est évaluée à partir de la calcination à 525°C pendant 2h des MES.
- Demande Biochimique en Oxygène (DBO) : les phénomènes d'auto-épuration dans les eaux superficielles résultent de la dégradation des charges organiques polluantes par les micro-organismes. Dans les stations de traitement des eaux résiduaires, les procédés biologiques sont largement utilisés. La demande biologique en oxygène est, par définition, la quantité d'oxygène nécessaire aux microorganismes vivants pour assurer l'oxydation et la stabilisation des matières organiques présentes dans l'eau usée. C'est un paramètre qui permet d'évaluer la fraction de la pollution organique biodégradable. Par convention, la DBO_5 est la valeur obtenue après cinq jours d'incubation (Eckenfelder, 1982).
- La Demande Chimique en Oxygène (DCO): c'est la quantité d'oxygène nécessaire pour oxyder les matières organiques y compris les matières biodégradables et non biodégradables par voie chimique. Le rapport DCO/ DBO_5 des eaux usées urbaines est proche de 2 (Gomella et Guerree, 1978) alors que celui des effluents domestiques varie de 1,9 à 2,5. (Hamdani et al, 2002).
- Le Carbone Organique Total (COT) représente la totalité du carbone organique après transformation en CO_2. Au cours des dernières années, ce paramètre a gagné en importance

8

dans le cadre de l'analyse des eaux usées car son analyse est plus précise que celle de la DCO mais son rapport à celle-ci n'est pas direct.

I.1.3.2 Les substances nutritives

I.1.3.2.1   L'azote

Chaque personne produit en moyenne 13,3 g d'azote par jour qui est rejeté dans les égouts (Hellström, 2003 ; Günther, 2000). La majeure partie de cet azote provient de l'urine (80%), des matières fécales (13%) et des eaux grises (7%). L'azote est présent dans les eaux usées sous des formes organique et inorganique (tableau 1.2) :

- organique, sous forme -NH_2 contenu dans l'urée et les protéines
- inorganique, sous différentes formes : principalement azote ammoniacal (NH_4^+), et une faible quantité de nitrite (NO_2^-) et de nitrate (NO_3^-).

Forme de l'azote	Concentration élevée (mg/l)	Concentration moyenne (mg/l)	Concentration faible (mg/l)
Azote total	*80*	*50*	*20*
Azote ammoniacal[1]	*50*	*30*	*12*
Nitrites	*0,1*	*0,1*	*0,1*
Nitrates	*0,5*	*0,5*	*0,5*
Azote organique	*30*	*20*	*8*
Azotes Kjeldahl[2] (NTK)	*80*	*50*	*20*

Tableau 1.2 : Les différentes formes de l'azote et leur concentration dans les eaux usées domestiques (d'après Henze et al., 2000)

Notes: 1- NH_3 +NH_4^+
               2- Azote organique + azote ammoniacal

La somme de l'azote ammoniacal et de l'azote organique est appelée azote Kjeldahl (NTK). Il y a très peu de nitrates et de nitrites dans les eaux usées. Par contre ce sont des formes que l'on rencontre couramment dans les eaux usées après traitement.

L'azote est nécessaire à la nutrition bactérienne dans le traitement biologique des eaux usées. Il est alors transformé en nitrite (NO_2^-) puis en nitrate (NO_3^-) par des microorganismes (du type *Nitrobacter* et *Nitrosomonas*). Cette dégradation par oxydation est nommée nitrification (*Figure 1.1*). Par la suite, ces nitrates peuvent dégradés en azote gazeux par des bactéries de la famille des *Pseudomonas* dans des conditions d'anoxie et en présence d'une source de carbone.

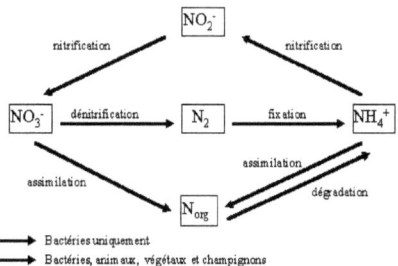

Figure 1.1 : Processus de nitrification et dénitrification de l'azote organique (Pagni, 1998)

9

I.1.3.2.2   Le phosphore

Le phosphore est essentiel à la croissance des organismes vivants. Il est également, avec l'azote et le potassium, un élément nutritif majeur et essentiel pour celle des plantes. Le phosphore dans les eaux naturelles vient principalement du drainage des terres agricoles, de l'utilisation des détergents ainsi que des eaux usées provenant de déchets humains ou domestiques. Toutefois, un excès de phosphore peut provoquer des résultats indésirables, comme la prolifération de plantes dans les milieux aquatiques (Martin, 1987). Une telle surabondance peut entraîner l'eutrophisation du milieu. C'est surtout pour enrayer ces aspects que la teneur en phosphore est réglementée et contrôlée. Le phosphore se trouve principalement sous la forme de phosphates dans les eaux naturelles et les eaux usées. Selon le document intitulé « Standard Methods for the examination of water and wastewater », les différentes formes de phosphore sont l'orthophosphate (PO_4^{3-}), ou phosphore réactif, le phosphore hydrolysable et le phosphore organique. Ces deux formes représentent 70 % du phosphore total des eaux usées. De plus, les formes hydrolysables et organiques peuvent être à l'état soluble ou particulaire. Depuis le 1er juillet 2007 les lessives en France ne doivent plus contenir de phosphates. Mais les détergents pour les machines à laver la vaisselle en contiennent encore (Comber, 2013).

I.1.3.3 Les micro-organismes

Les eaux résiduaires urbaines contiennent plusieurs types de micro-organismes : bactéries (du type coliformes, streptocoques fécaux, salmonelles dont *E. coli*, *Clostridium perfringens*, *Campylobacter* sp., *Listeria* sp., *Staphyllococus aureus*, etc.), des virus (*Enterovirus*, *Retrovirus*, etc), des phages (coliphages), des parasites (helminthes, *Giardia*, *Ascarides lombricoïdes*, etc.) (Henze et al, 2000) dont certains sont pathogènes.

-   Les coliformes totaux et fécaux forment un groupe de bactéries utilisé comme indicateur de contamination fécale. Ils appartiennent à la classe des Enterobacteriaceaes. Ce sont des bacilles à Gram négatif, oxydase négative, aérobies ou anaérobie facultatifs, capables de se multiplier et de fermenter le lactose en produisant des gaz, acides et aldéhydes (Guedira, 2001). Les coliformes totaux sont inclus dans les germes témoins de contamination fécale de deuxième ordre (Imziln, 1990).
-   Les streptocoques fécaux sont des coccidés généralement disposés en diplocoques ou en courte chaîne, à Gram négatif, immobiles, aérobies facultatifs et possédant un métabolisme fermentatif. Ces germes colonisent l'intestin de l'homme et des animaux à sang chaud. Leur présence dans le milieu hydrique prouve une pollution d'origine fécale de l'eau (Papadakis, 1982).
-   Les virus se trouvent dans les eaux résiduaires à des concentrations de l'ordre de milliers d'unités infectieuses par millilitre d'eau.
-   Les protozoaires sont présents dans les eaux usées à l'état de kystes. La principale forme pathogène pour l'homme est *Entamoeba histolytica* (Bouhoum et al, 1997). Les helminthes sont rencontrés dans les eaux usées sous forme d'œufs et proviennent des excréta des personnes ou d'animaux infectés et peuvent constituer une source de réinfection par voie orale, respiratoire ou par voie cutanée (Lamghari et Assobhei, 2005).

I.1.3.4. Les composés inorganiques

La liste des composés inorganiques (acides, bases, sels et métaux toxiques) présents dans les eaux usées est longue.

I.1.3.4.1 Les ions majeurs

L'eau possède naturellement des concentrations en certains anions et cations. Ils sont pour la plupart tous issus de la dégradation de roches. Les caractéristiques ioniques d'une source dépendent fortement de la morphologie géologique du milieu. Cependant, des rejets anthropiques peuvent modifier les caractéristiques. La comparaison des différentes concentrations ioniques peut marquer des sources de pollution.

Les cations

- Le potassium (K^+)

Ce métal alcalin provient principalement de minéraux tels que les feldspaths et les micas. Sa concentration dans les eaux superficielles est naturellement très faible (<5mg/l). Elément essentiel à la croissance des plantes, il est utilisé comme engrais dans l'agriculture. Dans les eaux résiduaires, il est essentiellement dû au métabolisme humain et animal. Le potassium est ingéré à travers la nourriture et est essentiellement émis à travers les eaux vannes (par l'intermédiaire de l'urine principalement) avec un flux de 2g/hab/jour.

- Le calcium (Ca^{2+})

L'eau de surface ou souterraine se charge en calcium par le biais de la dégradation de roches calcaires. L'eau potable en contient plus ou moins suivant les régions. Le calcium entre aussi dans la consommation humaine (laitages, etc) et au-delà dans les eaux résiduaires. Il est aussi très utilisé sous forme de chaux ($CaCO_3$) par l'industrie du bâtiment, du pétrole et du papier.

- Le sodium (Na^+)

La teneur de cet ion est très souvent liée à celle des chlorures. En effet, ces ions se trouvent souvent sous la forme du chlorure de sodium (NaCl). Le sodium est un élément clef dans les lessives (Patterson, 2001; Eriksson et al. 2002) et il ne peut pas être éliminé dans les stations d'épuration. On le trouve aussi dans la nourriture, où sa concentration dépend du type d'aliment. Une forte concentration en sodium peut aussi traduire une activité industrielle ou le ruissellement des eaux pluviales après le salage des rues en hiver.

Les anions (autres que nitrates et phosphates décrits précédemment)

- Les chlorures (Cl^-)

Ils sont présents dans la nature sous forme de sel (une concentration trop élevée peut mettre en évidence des rejets industriels (fabrication d'engrais, industries chimique). En période hivernale, le salage des rues est une source de chlorures.

- Les sulfates (SO_4^{2-})

Les sulfates sont issus de la dégradation de certains minéraux comme les gypses. Leurs origines anthropiques viennent des rejets industriels (mines, traitement métaux, incinération d'ordure). Dans les zones côtières affectées par des infiltrations d'eaux de mer dans les nappes, ils peuvent pénétrer dans les réseaux d'assainissement (Flood, 2011). La présence élevée de sulfates peut aussi être due à l'utilisation d'eau de mer pour assurer certaines fonctions ne nécessitant pas l'usage d'eau potable (toilettes à Hong-Kong (Leung, 2012)). Ils peuvent y être réduits en sulfures (transformé en gaz H_2S, très toxique) par des bactéries sulfato-réductrices. Les sulfures peuvent aussi résulter de la dégradation anaérobie de substances organiques comportant des atomes de soufre dans les réseaux.

I.1.3.4.2 Les métaux lourds

Les métaux lourds (leur masse volumique est supérieure à 5000 kg/m^3) sont à surveiller de par leurs effets toxicologiques. Ils ne sont pas biodégradables et sont associés à de la micropollution minérale. Le tableau 1.3 présente l'ordre de grandeur de concentrations des métaux dans les eaux usées (Henze et al., 2001). Ils sont présents dans des produits d'usage de la vie courante, comme par exemple le zinc dans les dentifrices. Les matières organiques issues de l'agriculture contiennent également des métaux lourds. Parmi l'ensemble des métaux lourds, trois sont souvent mis en exergue à cause des impacts sur l'homme : le cadmium, le plomb et le mercure. Les ions métalliques se fixent sur les globules rouges (Pb, Cd, CH_3Hg) et s'accumulent dans le foie, les reins, les dents et les os (Anfossi, 1997). D'autre part, les composés organo-métalliques solubles dans les lipides comme le plomb tétraéthyl ou le méthylmercure peuvent pénétrer le système nerveux central. Les teneurs des eaux destinées à la consommation et les rejets industriels sont donc fortement réglementées. Les origines anthropiques des métaux sont diverses mais les activités industrielles sont une source importante (36% la pollution totale en métaux lourds selon Anfossi (1997)). Le chrome et le plomb sont/ ont été utilisés pour la production essence, la tannerie, dans les industries sidérurgiques. Quelques métaux lourds comme le *mercure* et le *platine* sont utilisés dans des produits pharmaceutiques. Ils entrent dans la composition de désinfectants (cas du *mercure*) ou d'*agents cytostatiques* (cas du *platine*).

Paramètre analysé	Concentration élevée (μg/l)	Concentration moyenne (μg/l)	Concentration faible (μg/l)
Aluminium	1000	650	400
Argent	10	7	4
Arsenic	5	3	2
Cadmium	4	2	2
Chrome	40	25	15
Cobalt	2	1	1
Cuivre	100	70	40
Fer	1500	1000	600
Plomb	80	65	30
Manganèse	150	100	60
Mercure	3	2	1
Nickel	40	25	15
Zinc	300	200	130

Tableau 1.3 : Concentration typique de métaux et métalloïdes dans les eaux usées (Henze et al., 2001)

a). *Le mercure*

Le mercure est un métal liquide. Utilisé depuis des siècles par l'homme, il représente un danger lorsqu'on l'absorbe. Le mercure forme des complexes avec beaucoup d'anions inorganiques et des constituants organiques et a tendance à s'adsorber et à adhérer à de nombreux types de surfaces. Le mercure termine très souvent son parcours dans les écosystèmes aquatiques où il s'accumule dans les organismes vivants ce qui entraîne des risques en cas de consommation de certains poissons (Raihane, 1999). Malgré la nature toxique du mercure, il est présent en quantités variables dans de nombreux produits, dont les piles et les batteries, certains instruments de mesure, l'électronique, les peintures, certaines lampes, y compris les ampoules à économie d'énergie utilisées par les ménages, les amalgames dentaires et certains cosmétiques et produits pharmaceutiques. On le trouve aussi dans des produits éclaircissants pour la peau, les thermomètres et baromètres qui sont toutefois interdits.

La quantité de mercure qui est mobilisée et émise par les activités humaines a augmenté considérablement, ce qui a conduit à des concentrations élevées dans l'air, l'eau, le sol, les sédiments et les organismes vivants. Selon le Département de Ressources Naturelles du Wisconsin (WDNR, 2006), la moitié du mercure présent dans les STEP municipales aux Etats-Unis provient des produits dentaires (comme l'amalgame), 30% provient des hôpitaux et des laboratoires et le reste (20%) provient de l'habitat résidentiel et de sources diverses. D'après Kümmerer et al. (1997) l'amalgame dentaire contribue en moyenne à 7,3% de la concentration en mercure dans les eaux municipales en Europe. Il importe de prendre des précautions appropriées lorsqu'on utilise ou l'on se débarrasse de produits contenant du mercure.

b). *Le chrome*

Le chrome est un oligo-élément essentiel à la nutrition humaine et animale et se rencontre en petites quantités à l'état naturel dans tous les types de roches et de sols sous forme d'oxyde chromique (Cr_2O_3) (dans la chromite) solide et relativement inerte. Il peut être entrainé dans l'atmosphère par mise en suspension de poussières et dans les eaux de surface par ruissellement, altération et érosion des matières (INERIS, 2005 ; INERIS, 2010). Les rejets de chrome dans les eaux usées proviennent d'activités industrielles telles que les tanneries, les industries sidérurgiques, textiles, de traitement de surface (laquage de l'aluminium).

Le suivi du chrome dans l'environnement est régi par la règlementation française et européenne. Les émissions de cette substance sont donc recensées dans l'environnement au niveau français (IREP) (Agence de l'eau, DRIRE) et au niveau européen (EPRTR).

Base de données	IREP				E-PRTR	
	France				France	UE27
Emissions de chrome et ses composés en kg/an	2005	2006	2007	2008	2007	2007
Air	30 600	28 410	16 400	16 300	16 100	13 700
Eau (total)	619 200	600 500	477 700	559 300	461 000	69 300
-eau (direct)	521 800	579 400	461 200	543 900	n.d.	n.d.
-eau (indirect)	97 500	21 050	16 500	15 400	n.d.	n.d.
Sol	970	15 300	9 300	16 800	8 880	17 000
Déchets	3 721 200	4 195 500	n.d.	n.d.	n.d.	n.d.

Tableau 1.4 : Emission du chrome et ses composés dans l'environnement évaluées à partir des données IREP(2010) et E-PRTR(2010)

c). *Famille du platine*

Le platine est principalement utilisé en raison de ses propriétés catalytiques exceptionnelles. Il est utilisé pour la fabrication des pots catalytiques destinés à réduire les émissions de CO et de NO_x par catalyse des réactions de transformation des gaz d'échappement des véhicules à moteur thermique. En 1997, la consommation mondiale de platine destinée à cette application était de 64 tonnes dont 16 en Europe.

Il est utilisé comme catalyseur d'oxydation dans la fabrication de l'acide acétique, de l'acide nitrique à partir de l'ammoniac, de l'acide sulfurique. Le platine est également utilisé dans des composés pharmaceutiques comme des agents cytostatiques. Les agents cytostatiques sont capables de bloquer la synthèse, le fonctionnement ou la multiplication cellulaire et sont utilisés pour le traitement de cancer. La concentration maximale de platine (<10 à 1070 µg/kg) a été trouvée dans les boues de STEP municipale ayant reçu des effluents des industries de bijouteries (Lottermoser, 1994). Les concentrations de platine dans les échantillons des eaux usées ont été mesurées entre 20 et 3580 ng/l (Kümmerer, 2001).

d). *Terres rares, métaux et métaux de transition*

Certains métaux comme des éléments de terres rares sont utilisées en médicine. Par exemple le gadolinium et l'indium sont largement utilisés en Imagerie par Résonance Magnétique (IRM). La concentration en gadolinium est différente selon le milieu:
- effluents des hôpitaux : jusqu'à 100 µg/l (Kümmerer et Helmers, 2000),
- rivières : de 0,001 à 0,2 µg/l (Bau et Dulski, 1996),
- dans les boues de station de production d'eau potable : de 0,3 à 1,9 mg/kg (Kümmerer, 2001),
- dans des boues de STEP : de 0,6 à 2 mg/kg (Kümmerer, 2001).

On peut donner un ordre de grandeur concentrations de quelques éléments contenus dans les boues de station d'épuration : le palladium de 38 à 4700 µg/kg, l'osmium de moins de 3 à 51 µg/kg, l'iridium de 0,6 à 26,5 µg/kg, le ruthénium de moins de 2 à 390 µg/kg et le rhodium de moins de 2 à 352 µg/kg (Lottermoser, 1994).

I.1.3.4.3 Les micropolluants organiques

Les installations actuelles de traitement des eaux résiduaires sont destinées à réduire la pollution globale de nature carbonée, azotée et phosphorée. Cependant on s'intéresse maintenant aux micropolluants organiques issus des activités humaines et présents en très faible quantité. Ces micropolluants ont des effets dommageables pour la faune, la flore et pour l'homme et contribuent à l'appauvrissement des écosystèmes aquatiques. Certains d'entre eux s'accumulent dans les êtres vivants et passent d'un maillon de la chaîne alimentaire à un autre. Ils entraînent des dommages importants pour les équilibres biologiques. Ils contaminent les cours d'eau soit par apports directs, par ruissellement (Chebbo et al., 2001 ; Revitt et al., 2002 ; Wei et al., 2010), drainage ou érosion, soit indirectement, par retombées atmosphériques. Les bactéries mises en œuvre dans les stations d'épuration ont beaucoup de difficultés à dégrader ces micropolluants organiques. D'après le site www.energie-environnement.fr chaque année, l'industrie chimique met aux point 200 à 300 nouvelles substances qui viennent s'ajouter aux 100000 déjà homologuées sur le marché. Or, seulement une sur dix est actuellement documentée sur le plan de la toxicité pour l'être humain, et seulement une sur cent pour sa toxicité sur l'environnement. En outre, pour protéger les secrets de fabrication, les fabricants ne précisent pas exactement la composition des produits d'usage courant. Ceci augmente les difficultés pour l'élaboration de nouvelles méthodes d'analyse de laboratoire pour les détecter. Ces polluants chimiques, en raison même de leur impact sur le milieu, font cependant de plus en plus l'objectif d'un suivi régulier.

Les micropolluants organiques sont très nombreux. En milieu urbain on retrouve des solvants, des composés pharmaceutiques, des produits d'entretien, des produits chlorés, des hydrocarbures aromatiques polycycliques, etc. Ainsi plus de 800 xénobiotiques ont été identifiés dans l'étude de Eriksson et al (2002) à partir des bases de données de produits chimiques domestiques (produits de nettoyage et de bricolage, produits pour la lessive et la vaisselle, cosmétiques et crèmes solaires, ainsi que médicaments et additifs alimentaires, tels certains édulcorants artificiels).

Les pesticides et herbicides sont destinés à lutter contre les organismes nuisibles pour l'homme notamment pour protéger ses productions agricoles (contre l'attaque des insectes et des champignons) ou assimilées (jardins d'agrément, pelouses, polluants de l'air précipités au sol, puis conduits par ruissellement dans les eaux, etc.). Ils sont théoriquement plutôt associés à une pollution en zone rurale. La France est le troisième consommateur mondial de pesticides (à plus de 90% pour l'agriculture) et le premier utilisateur en Europe en volume total (34% des consommations de l'Europe des 15). L'utilisation de pesticide en France est de près de 100 000 tonnes par an (dont 54,3% de fongicides et 32,2% d'herbicides) (INRA). On note toutefois de grosses disparités régionales dans l'utilisation des pesticides en fonction de la dominance des types de cultures dans la région. Du fait de leur surface importante ou de leur sensibilité particulière à un ou plusieurs bio-agresseurs, certaines cultures accumulent une forte proportion de pesticides utilisés. Ainsi, 80% des traitements sont réalisés sur quatre cultures : céréales (40%), vigne (20%), maïs (10%) et colza (9%). Ces cultures ne représentent que 40 % de la Surface Agricole Utile mais concentrent 80% des pesticides consommés chaque année. Cependant on trouve également des pesticides dans les jardins privés ou publics ainsi que pour l'élimination des adventices sur les voieries (Ensminger, 2013 ; Imfeld, 2013 ; Glozier, 2012). Ces pesticides ne contiennent pas d'ailleurs que des substances organiques : le cuivre est utilisé dans la bouillie bordelaise, un algicide et fongicide obtenu par neutralisation d'une solution de sulfate de cuivre par de la chaux éteinte, qui est largement utilisé dans les cultures potagères et fruitières, tant privées que commerciales, même biologiques (Szolnoki, 2013). Le rendement d'élimination des pesticides dans les stations d'épuration est faible (Kock-Schulmeyer, 2013).

I.2   Variabilité spatio-temporelle des eaux résiduaires urbaines

Les eaux résiduaires urbaines ont donc deux origines principales : les eaux de temps sec, résultant des activités humaines (domestiques et industrielles au sens large (artisanat, usage communautaire tels que lavage de voieries, hôpitaux, etc.)) et les eaux pluviales.

I.2.1   Variabilité liée aux activités humaines

Indépendamment des aléas climatiques, le débit, la composition et la concentration en matières polluantes des eaux usées varient en fonction du temps. Plusieurs échelles peuvent être définies : journalière, hebdomadaire (effet des fins de semaine), saisonnière (vacances, fêtes). Les variations observées dépendent du mode de vie des habitants. Elles ont donc un caractère cyclique, qui peut être modifié par des évènements particuliers (événements sportifs par exemple). La variabilité des eaux usées reflète le niveau de vie, la qualité de vie, la typologie des logements (individuels et/ou multi-résidentiels, zones pavillonnaires, blocs), les équipements de la maison et également la gestion des zones cultivables (jardins potagers privatifs) et/ou des espaces verts.

I.2.1.1 Variation des débits d'eaux résiduaires

Le débit des eaux usées, qui par temps sec, est lié à la consommation en eau potable, est un premier élément qui permet d'apprécier la variabilité des caractéristiques des eaux usées. Enfinger et Stevens (2006) ont donné quelques exemples intéressants de « sociologie » des égouts à partir de ce paramètre qui permet de distinguer périodes diurne et nocturne et jours de semaine et de week-end. Le Bonté (2003) avait également montré des différences de variabilité en France, entre le milieu urbain et le milieu rural, et entre la France et les Etats-Unis. L'activité journalière est un critère de variabilité puisque les zones où les personnes rentrent déjeuner à midi seront la source d'une augmentation de flux dans ce créneau horaire alors que cette période correspondra à de faibles débits de pollution dans les villages dortoirs.

L'étude de Gray et Becker (2002) a montré que trois facteurs influencent la variabilité de la quantité d'eau consommée. Ce sont le prix de l'eau potable, les caractéristiques économiques liées au mode de vie et le caractère urbain (type d'assainissement est unitaire ou séparatif, coefficient d'occupation du sol). Mukhopadhyay et al. (2001) ont montré qu'au Koweit, où la consommation d'eau potable est très élevée (± 814 l/j/hab), sa variation dépend des revenus, de la possession de toilettes, de la surface et l'utilisation du jardin. Le volume moyen journalier d'eau potable consommé par personne est également différent suivant les pays, même voisin donc avec des modes de vie et des climats semblables : Bahrain (± 526

16

l/j/hab), Oman (± 106 l/j/hab), Qatar (± 425 l/j/hab). En Europe, la consommation moyenne est beaucoup plus faible : elle correspond à un volume de 150 litres par personne et par jour en moyenne. Elle peut attendre 950 litres dans certaines régions des États-Unis (1230 l/j/hab à Las Vegas en 1998 (Keir, 1998) …).

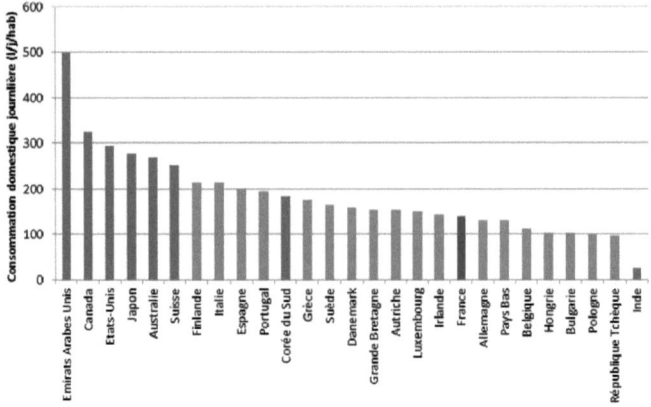

Figure 1.2 : Consommation journalière d'eau potable à usage domestique - Sources: Eurostat 2001 + IFEN 2002 (de Dardel, 2008 - http://dardel.info/EauConsumption.html)

En France, la consommation d'eau du robinet des ménages a augmenté régulièrement après la fin de la seconde guerre mondiale, date à laquelle 70% des communes rurales ne disposaient pas encore de réseau d'adduction en eau potable (Centre d'Information sur l'Eau). Cependant depuis ces dernières années les prélèvements pour la production d'eau potable semblent diminuer alors que la population augmente. La performance des réseaux de transport d'eau potable (rendement moyen de 76%) a certes augmenté (diminution du taux de perte) mais cela traduit également une certaine diminution de la consommation. En 2006 la consommation moyenne en France était de 137 l/jour/hab et de 150 l/jour/hab en 2009 (www.eaufrance.fr). La consommation a baissé de 16.5% à Berlin entre 1995 et 2005 et de 25% à Paris entre 1990 et 2008 (Euzen, 2013). Il faut noter que cette consommation est différente de l'empreinte sur l'eau, qui est le volume d'eau nécessaire pour la production des biens et des services consommés (Tableau 1.5).

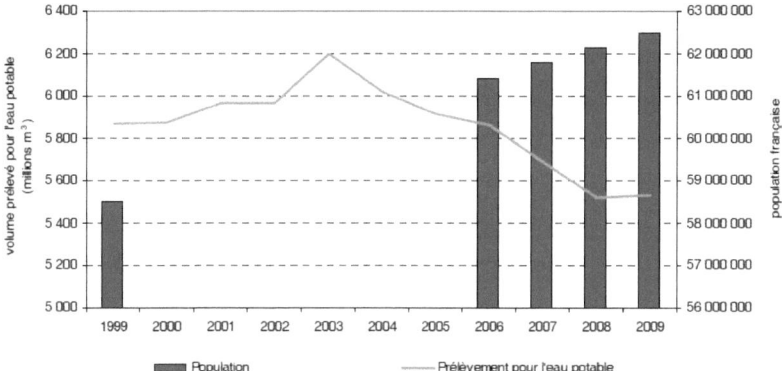

Figure 1.3 : Prélèvements pour l'eau potable entre 1999 et 2009 (Source : Agences de l'eau, Insee - Traitements : SOeS, 2012- www.statistiques.developpement-durable.gouv.fr.

Pays	Empreinte journalière sur l'eau (m3/j/hab)
Etats-Unis	6.8
Italie	6.4
France	**5.1**
Suisse	4.6
Moyenne mondiale	3.4
Pologne	3.0
Ethiopie	1.8

Tableau 1.5 : Empreinte journalière sur l'eau pour quelques pays (adapté de www.eaufrance.fr) (Sources : Water Footprint Network, 1997-2001 / Source : Water footprints of nations : Water use by people as a function of their consumption pattern, Water Resources Manage, 2007)

En France, la consommation moyenne d'eau est plus importante dans les communes urbaines que dans les communes rurales, du fait de l'utilisation d'eau pour des usages communautaires. Il existe aussi des spécificités régionales. Par exemple, les habitants des zones rurales du Sud-Ouest de la France consomment plus d'eau que ceux des zones urbaines. C'est l'inverse dans le nord et l'ouest. La différence dans les autres régions est faible (données de 1990 de l'enquête FNDAE, 1992 et SOeS-SSP, Enquête Eau 2008-Insee) (figure 1.4).

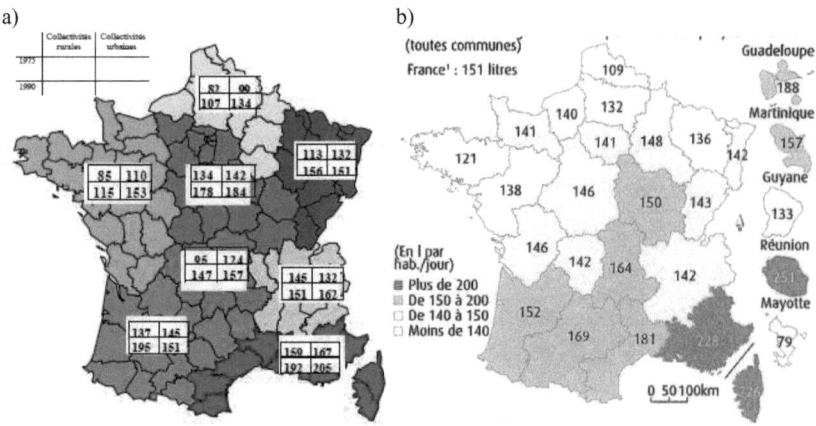

Figures 1.4 (a, b) : Consommation d'eau domestique (l/habitant/jour) par région en France en 1975 et 1990 entre les collectivités rurales/ urbaines (FNDAE, 1992) (a) ; Consommations régionales d'eau par habitant et par jour en 2008 (SOeS-SSP, Enquête Eau 2008-Insee) (b)

Le type de logement est aussi un facteur important qui influence la consommation moyenne d'eau (figure 1.5 et figure 1.6), cette dernière étant plus faible dans les habitats sociaux que dans les autres habitats collectifs et que dans les maisons individuelles. Dans un logement collectif de type HLM (habitation à loyer modéré), le niveau moyen de consommation d'eau paraît nettement plus faible que la moyenne de 120 m^3/an.

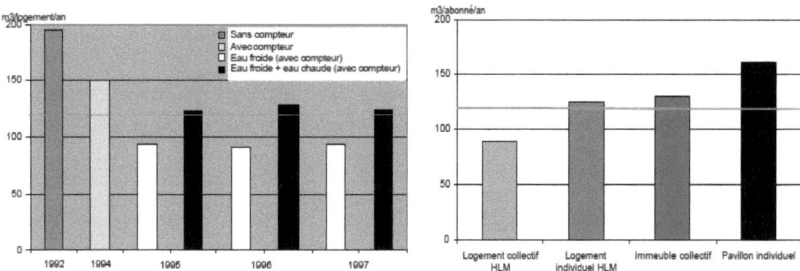

Figure 1.5 : Evolution de la consommation annuelle d'eau par logement à l'OPHLM de Sarreguemines (57) (Burucoa, 1995 ; Azomahou, 2000)

Figure 1.6 : Consommation annuelle type par famille de logement (Mérillon, 1996. OPHLM, 1997)

Les études de Cambon-Grau (1996) et Maugendre (1997) ont montré quatre catégories de facteurs influençant la consommation d'eau d'un ménage. Ce sont les caractéristiques de l'habitat, celles du ménage, le prix de l'eau et les éventuelles actions de sensibilisation. Les facteurs explicatifs énoncés sont: la température, la pluviométrie, le type et l'âge du logement, la surface habitable, le taux d'équipement, l'utilisation de systèmes permettant une réduction de l'usage de l'eau (toilettes à double volume) ainsi que la présence d'un jardin ou d'une piscine, le revenu, la taille et l'âge moyen du ménage, le prix de l'eau. Les mêmes facteurs

19

sont avancés par Grafton et al. dans leur étude en 2011 sur dix pays (Grafton, 2011). Le tableau (1.6) présente les facteurs influençant les niveaux de consommation d'eau d'un ménage.

Facteurs	Sens	Certaines sources citées
1. Caractéristiques de l'habitat		
1.1. Géographie locale		(Direction Départementale de l'Equipement 92 et al,) ; (FNDAE, 1992) ; Site du SIARL
Température	+	CREDOC (1995) ; (Giraud, 1997) ; (Alexandre et Azomahou, 2000) ; (Association des Responsables de Copropriété, 1998)
Température estivale moyenne	+	(Saisatit, 1988)
Pluviométrie	-	(Brechet, 1982; Saisatit, 1988; Giraud, 1997; Alexandre et Azomahou, 2000) ; CREDOC (1995) ; (Association des Responsables de Copropriété, 1998)
Taille de la commune	+	(Morvan and Grosmesnil, 2002)
1.2. Nature de l'habitat		
Type de logement	immeubles collectifs (-) / maisons individuelles (+)	(Girardot *et al.*, 1972a) ; Mérillon (1996) repris dans le site de l'Agence de l'Eau Artois- Picardie ; (Pouquet et Ragot, 1997); (Le Coz, 1998) ; (Francheteau, 2002) ; (Morvan et Grosmesnil, 2002)
	% de maisons individuelles (-)	(Nauges, 1999)
Localisation du logement	campagne (-) / ville (+)	(Direction Départementale de l'Equipement 92 *et al.*,)
Statut du logement		
Statut de l'occupant	Propriétaire (+) / locataire (-)	(Morvan and Grosmesnil, 2002)
Taux d'occupation	Saisonnier (-) / permanent (+)	(FNDAE, 1992; PERIGEE, 1997; Grangé *et al.*, 1999)
Age du logement	Ancien (+) / récent (-)	(Le Coz, 1998; Nauges, 1999)
Taille du logement		
Surface habitable	+	(Azomahou, 2000)
Nombre de pièces	+	(Girardot *et al.*, 1972a; Pouquet and Ragot, 1997; Le Coz, 1998; Morvan et Grosmesnil, 2002)]
1.3. Equipement du logement		
Existence d'un compteur divisionnaire	-	(Guellec, 1995); (Agence de l'Eau Loire-Bretagne and Conseil Régional de Bretagne, 1999); (Cambon-Grau, 2000; Association des Responsables de Copropriété, 2001)
Accès à la ressource	unique (+) / diversifié (-)	(Le Coz, 1998) ; (Grangé *et al.*, 1999) ; Bouffard
Taux d'équipement	+	(Girardot *et al.*, 1972a; Centre d'information sur l'eau, 1995; Maresca, 1997; Pouquet et Ragot, 1997; Association des Responsables de Copropriété, 1998; Le Coz, 1998; Nauges, 1999; Alexandre et Azomahou, 2000; Morvan et Grosmesnil, 2002)]
Equipements ménagers moins	-	(Guellec, 1995; Agence de l'Eau Loire-Bretagne and

Facteurs	Sens	Certaines sources citées
consommateurs d'eau		Conseil Régional de Bretagne, 1999)
Contrat d'entretien de la robinetterie	-	(PERIGEE, 1997; Association des Responsables de Copropriété, 1998; Agence de l'Eau Loire-Bretagne and Conseil Régional de Bretagne, 1999; Cambon- Grau, 2000; Jaskulke *et al.*, 2000)
Fuites[6]	+	(Centre d'information sur l'eau, 1995 ; Guellec, 1995; OPHLM, 1997; Conseil Régional de Bretagne, 2001)
Besoins en eau pour l'extérieur	+	Bouffard
Présence d'un jardin	+	(PERIGEE, 1997; Le Coz, 1998)
Type d'arrosage	asperseur (+) / goutte à goutte (-) / arrosage automatisé (-)	(PERIGEE, 1997)
Présence d'une piscine	+	(Girardot *et al.*, 1972a; Le Coz, 1998)
2. Caractéristiques du ménage		
Revenu du ménage	+	(Direction Départementale de l'Equipement 92 *et al.*, ; Dufour, 1995a; Pouquet and Ragot, 1997; Association des Responsables de Copropriété, 1998; Morvan and Grosmesnil, 2002)]
Taux d'activité du ménage	Chômage (-)	(Alexandre and Azomahou, 2000)
Taille du ménage	+	(Girardot *et al.*, 1972a) ; CREDOC (1995) ; (Maresca, 1997; Pouquet and Ragot, 1997; Le Coz, 1998; Grangé *et al.*, 1999; Azomahou, 2000)
Age moyen du ménage	-	(PERIGEE, 1997; ARC, 1998 ; Le Coz, 1998; Alexandre et Azomahou, 2000; Azomahou, 2000; Francheteau, 2002)
Catégorie socio-professionnelle du ménage	Elevée (-)[7] Elevée (+)[8]	(Girardot *et al.*, 1972a; Dufour, 1995a; Le Coz, 1998) (Morvan et Grosmesnil, 2002)
Culture d'utilisation de l'eau	9	(Cambon-Grau, 1996)
3. Prix de l'eau		
Niveau du prix de l'eau	-	(Brechet, 1982; Saisatit, 1988; PERIGEE, 1997; Le Coz, 1998; Alexandre et Azomahou, 2000) ; Site du Cartel OIEau
Evolution du prix de l'eau Forte hausse	-	(Guellec, 1993; Maresca, 1997; Pouquet et Ragot, 1997; Francheteau, 2002)
Long terme	-	(Boistard, 1993a).
Evolution de la facture d'eau (= mix entre l'évolution du prix de l'eau et de la consommation)	-	(Brechet, 1982)
Structure de la tarification (monôme, binôme simple/par paliers, etc.)		
4. Actions de sensibilisation[10]	-	(Cambon-Grau, 1996; Agence de l'Eau Loire- Bretagne, 1999a; Agence de l'Eau Loire-Bretagne and Conseil Régional de Bretagne, 1999; Ville de Lorient, 2000b, a)

Tableau 1.6 : Déterminants de la consommation d'eau potable d'un ménage (Montginoul, 2002)

21

Une illustration de la production en eau usée par type d'usage domestique est présentée dans le Tableau 1.7. La production totale varie de 84 à 117 l/hab/j. Selon le type d'usage, les toilettes contribuent fortement à l'apport en eaux usées, suivies des bains et des douches. En 1900 la moitié de l'eau consommée (15 à 20 litres) était dédiée à la cuisine.

l/hab/jour	WC	Evier de cuisine	Lavabo	Bain et douche	Machine à laver	Autres	*Total*
Bulter (1995) (Grande Bretagne)	31	13	13	28	17	-	102
Gatt (1993) (Malte)	29	15	9	25	16	-	94
Blanic et al (1989) (France)	20	12	-	26	26	-	84
Hall et al (1988) (Grande Bretagne)	37	-	-	19	13	48	117

Tableau 1.7 : Production d'eau usée domestique par type d'usage

L'étude de la FNDAE (1992) a mis en évidence que la consommation d'eau par jour dépendait des zones géographiques (Figure 1.10) (et de l'importance relative de la population saisonnière), du revenu, du mode d'habitat (rural ou urbain), du nombre d'habitants permanents et du mode de gestion (régie, concession, gérance ou divers). Cette étude montre que la consommation dépend aussi des périodes (semaine ou week-end, saisons), où la consommation par rapport à la moyenne annuelle est supérieure de 40% en été et de 30% le week-end. Ce sondage a été réalisé sur 494 collectivités françaises. La variation de population est le facteur le plus explicatif de la modification de consommation d'eau annuelle. En effet, l'impact du facteur démographique est dix fois plus important que l'impact des conditions climatiques (température, insolation, précipitation) (Poquet, 1997). D'autre part, les travaux d'Arnaud (2005) sur le département de la Gironde ont montré une corrélation entre la consommation domestique annuelle moyenne en eau et le taux d'activité des villes.

L'étude de Jaskulke (2000) effectuée sur la ville de Paris montre que 76% de l'eau est consommée pour des activités purement résidentielles, avec 30% destinée aux toilettes et 35% aux bains et douches (figure 1.7). Les classes aisées comme les cadres et les professions libérales consomment plus d'eau que les employés et les ouvriers (Morvan et Grosmesnil, 2002).

22

a)   b)

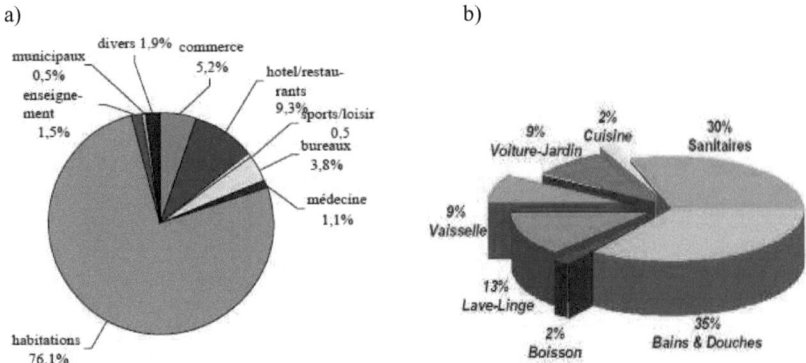

Figures 1.7 (a, b) : Parts des différentes catégories dans la consommation d'eau (Paris, 2010) (a) ; La répartition de la consommation d'eau pour un usage domestique (ADEME, 2002)(b)

Nauges et Thomas (1998) ont également étudié l'influence du prix moyen payé (variation du prix à long terme), de la présence de compteurs individuels ou collectifs dans les habitations, de la pluviométrie, de la densité de population, de l'âge des habitants (les personnes de plus de 60 ans consomment moins d'eau) sur la consommation d'eau de 108 communes de Moselle à partir des données statistiques du recensement de 1990.

A l'échelle annuelle, les rythmes de consommation d'eau du robinet suivent les mouvements de population principalement liés aux saisons et aux vacances scolaires (Euzen, 2004). La période d'été (juillet et août) est caractéristique : au moment des vacances scolaires ou à l'occasion de longs week-ends, un grand nombre d'habitants sort des grandes villes et les consommations diminuent de façon significative. Durant la semaine (figure 1.8), quel que soit le jour, les rythmes de consommation se reproduisent et suivent la même tendance. Le matin, l'utilisation des chasses d'eau et des douches provoque une augmentation de la consommation. Après ce pic, la consommation d'eau diminue jusque dans l'après-midi et reprend en fin de journée lorsque les ménages rejoignent leur domicile et que les activités ménagères reprennent: préparer la cuisine, faire sa toilette, prendre une douche…Le rythme de consommation diminue en fin de soirée, légèrement plus tardivement en fin de semaine. Le samedi et le dimanche, la consommation est moins importante et s'étale davantage dans la matinée (grasse matinée le week-end).

23

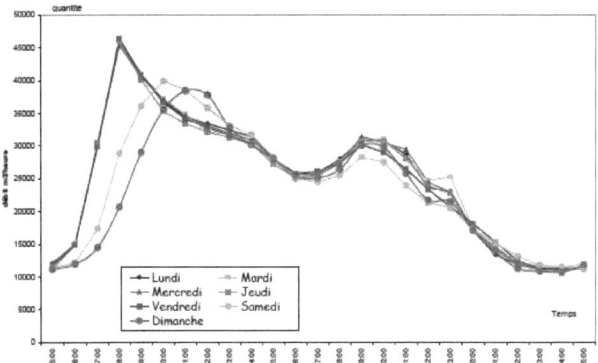

Figure 1.8 : Courbes journalières de la consommation d'eau à Paris-SAGEP 2000

L'étude de Syme et al. (2004) a montré aussi une bonne relation entre les conditions socio-économiques et/ou socio-démographiques et la consommation d'eau. La consommation d'eau à usage domestique à Perth (Australie) dépend de la saison (Water Authority of Western Australia, 1987; Loh and Coghlan, 2003), des différences socio-économiques (revenu élevé, moyen ou bas) et de la typologie des logements (individuels et/ou multi-résidentiels, zones pavillonnaires, blocs). Elle tient compte de la tendance à l'économie manifestée par les ménages d'un milieu socio-culturel élevé pour éviter le gaspillage de ressources naturelles. De manière plus générale, les attitudes envers l'eau sont complexes et très difficiles à prendre en compte pour une typologie donnée.

En France cela conduit aux chiffres moyens suivants : les citadins consomment 150 litres contre 110 l/j chez les ruraux. La consommation d'eau dépend également l'activité, les différents âges et l'échelle du temps. L'étude de Ecoeau en 2009 (http://ecoleau.fr, 2010) a montré qu'un sportif est un gros consommateur d'eau, avec plus de 210 l/j. Les adultes dans la force de l'âge consomment beaucoup plus d'eau que les personnes âgées (105 l/j) et les enfants (69 l/j). La consommation d'eau augmente sensiblement en fin de semaine (185 l/j). Le samedi est souvent consacré aux travaux ménagers, lessives et lavage des voitures. Enfin, lorsqu'il est en vacances, le Français utilise l'eau sans compter (environ 230 l/j). Au travail, chaque employé utilise environ 100 à 135 l/j (sanitaires et entretien représentent 63% de la consommation) (Source: Ministère chargé de l'écologie, 2009).

I.2.1.2 Variabilité des caractéristiques des eaux résiduaires domestiques

Un ouvrage de référence, le Mémento technique de l'eau (Degrémont, 1999), propose des charges de 50 à 60 g de DBO_5 par habitant et par jour, dans le cas d'un réseau séparatif et de 60 à 80 g de DBO_5 par habitant et par jour dans le cas d'un réseau unitaire en France. La production journalière moyenne par habitant d'urine et de matières fécales est respectivement de l'ordre de 1060 ml/hab/j et 112g/hab/j (Lentner et al, 1981). La pollution d'un équivalent-habitant est 90 g de MES, 57 g de MO (matières organiques), 15 g de MA (matières azotées, ammoniacales et organiques, exprimées en poids d'azote) et 4 g de MP (matières phosphorées, exprimées en poids de phosphore). L'équivalent-habitant est affecté d'un

24

coefficient forfaitaire en fonction de la taille de l'agglomération, qui doit prendre en compte les différences de mode de vie, l'existence de système d'épuration individuel dans les petites communes et les rejets des industriels et immeubles de bureaux plus nombreux dans les grandes agglomérations. Les matières organiques sont également définies par le législateur comme une combinaison de la DBO_5 et de la DCO selon la formule $MO= (DCO+ 2\ DBO_5)/3$ (Meybeck, 1998).

Plusieurs études ont été réalisées en France et à l'étranger pour déterminer les flux polluants des eaux usées domestiques rejetés par jour et par habitant. Ces dernières sont regroupées dans le tableau (1.8). Celles effectuées en France ont été réalisées en zones d'habitat (quartier résidentiels et petites communes rurales), sur des eaux usées sans eaux claires, ni eaux industrielles.

(g/hab/j)		MES	DCO	DBO_5	NTK
Rambaud et al (1997)		35	75	40	6
Bureau Véritas et SIVOM de Metz (1994)		42-51	82-103	37-47	9-11
Montmasson (2009) Nancy-sur-Cluses		70	150	60	15
Pujol et al (1990)		25-30	75-80	30-35	8-9
Aquascop (2003)		70	135	60	12
Blanic et al (1989)	France	28	89	34	9
Besse *et al* (1989)		41	98	37	10
PNEU, région méditerranéenne, (2004)		70-100	110-160	60-80	11-14
Service de police de l'eau du département des Landes (2011)		90	120	60	15
Arrêté du 9 décembre 2004		80	110	57	15
Ministère de l'environnement du Québec (2004)	Canada	60	95	50	10
Department of water resources management Vietnam	Vietnam	62	90	65	8

Tableau 1.8 : Charges polluantes des eaux usées domestiques

D'après cette sélection bibliographique, la charge polluante en matières en suspension, générée quotidiennement par habitant, varie entre 25 et 100 g/hab/j, celle en DBO_5 est de l'ordre de 30 à 80 g/hab/j, alors que la masse en azote est de 6 à 15 g/hab/j. On remarque par ailleurs que les valeurs mesurées en France sont assez variables d'un réseau d'assainissement à un autre. Les variations peuvent être imputables à la nature des activités domestiques qui génèrent les eaux usées. Cependant, elles semblent augmenter ces dernières années.

25

On constate que les charges polluantes en MES, en matières oxydables et azotées dans les eaux domestiques sont fonction du type d'usage (eaux de vannes, eaux de cuisine, …). La plus grande part des matières en suspension, des matières organiques et azotées proviennent essentiellement des eaux vannes, de cuisine et de lessive. Des macro-déchets transportés par les eaux vannes (mais qui ne devraient pas toujours s'y trouver…) peuvent contenir de la matière organique notamment les tampons et serviettes hygiéniques, les bâtonnets cure-oreilles, le papier toilette… La pollution associée au papier toilette a été évaluée au cours des travaux de Almeida et al (1999). Ces auteurs ont estimé à 546 mg de MES et 706 mg de DCO totale par feuille de papier toilette. Les eaux de cuisine se caractérisent par de fortes concentrations en matières en suspension (235 g/m^3) et en matières organiques (1079 g/m^3). En revanche, les eaux de machine à laver se distinguent des autres dispositifs par des concentrations en matières organiques dissoutes très élevées (1164 g/m^3).

Quelques données sont disponibles sur les paramètres physiques : le tableau 1.9 donne les ordres de grandeur de la conductivité et du pH des eaux usées de temps sec, à l'aval de réseaux unitaires. Le pH et la conductivité moyenne ainsi que leurs amplitudes de variations, mesurées dans les eaux usées sont comparables d'un site de mesure à un autre.

Paramètres physiques	Marais Gromaire (1998)	Entrée de la STEP de Colombes Données SIAAP (2004)	Boudonville (Nancy) Laurensot et LHRSP (1998)	Entrée de la STEP en Allemagne Brombach (2005)
pH	7,7-7,9 ; (7,8)	7,6-8,7 ; (8)	7,1-8,4 ; (7,8)	7,2-8,6 ; (7,9)
Conductivité (μS/cm)	864-1009 ; (960)	830-1100 ; (1010)	900-972 ; (944)	-
Minimum- Maximum ; (Moyenne)				

Tableau 1.9 : Paramètres physiques mesurés dans les eaux usées de temps sec

Les concentrations moyennes journalières des matières en suspension, des matières volatiles en suspension, des matières oxydables et azotées et des métaux lourds (cadmium, cuivre, plomb et zinc), mesurées dans les eaux usées de temps sec sont synthétisées dans le tableau 1.10.

	Concentrations	MES	DCO	DBO$_5$	COT	NTK	Pb	Zn	Cu
		(mg/l)					(µg/l)		
Ile de France	Marais (Gromaire, 1998)	111-194, (157)	91-166, (133)	246-465, (375)	-	-	5-21, (12)	57-274, (156)	32-133, (73)
	Entrée STEP Colombes (données SIAAP, 2004)	106-432, (186)	189-486, (318)	71-212, (130)	37-181, (92)	18-37, (30)	50-92, (52)	105-433, (221)	59-108, (79)
	Entrée Seine aval (données SIAAP, 2006)	(250)	(433)	(178)	-	(48)	(58)	(412)	-
	Entrée STEP Achères (données SIAAP, 2004)	222-667, (460)	572-809, (688)	190-470, (297)	-	46-73, (61)	25-61, (40)	41-802, (200)	5-156, (82)
Nancy	Boudonville (Nancy) (LHRSP et Laurensot, 1998)	115-263, (185)	380-564, (477)	172-183, (178)	-	-	(13)	(117)	(51)
	Entrée STEP Maxéville (donnée SIERM, 2011)	44-455, (208)	128-795, (447)	37-358, (177)	-	10-67, (39)	-	-	-
Belgique	Emissaire de Bruxelles (Verbanck, 1995)	(292)	(473)	-	-	-	-	-	-
Canada	Québec (Ministère d'Env, 2008)	(300)	(387)	(250)	-	(50)	-	-	-
Corée du Sud	Bassin versant 1 Bassin versant 2(grand) (Lee et Bang, 2000)	56,9 105,6	142,5 233,7	50,3 87,3	- -	23,9 4,7	220 230	- -	- -
Minimum-Maximum, (Moyenne)									

Tableau 1.10 : Concentrations moyennes journalières des paramètres globaux et des métaux lourds des eaux usées de temps sec

Les concentrations en MES, en matières oxydables et azotées sont relativement comparables entre les différents bassins versants parisiens. Une légère augmentation en fonction de l'échelle spatiale apparaît néanmoins entre le Marais et Seine aval pour les MES et la DCO. La qualité des eaux usées de temps sec à l'exutoire des bassins versants parisiens et de celui de Boudonville (Nancy) est comparable à celle des eaux usées en amont de la STEP de Colombes à la sortie de l'émissaire de Bruxelles. En revanche, les concentrations des paramètres classiques des eaux usées de temps sec des bassins versants de Corée du Sud sont nettement plus faibles que celles d'autres pays considérés. On remarque qu'une évolution de concentration en fonction de la taille du bassin versant est observée pour les MES. Les effluents des émissaires en amont de la STEP d'Achères semblent plus chargés en comparaison avec les effluents parisiens. Il a été tenu compte de la densité de population au centre de Paris.

Les concentrations des eaux usées de temps sec, mesurées aux exutoires des différents bassins versants trouvés dans la littérature varient beaucoup d'une journée de temps sec à une autre. Cette variabilité au niveau des émissaires est probablement liée aux apports d'effluents de zones péri-urbaines où sont localisées la plupart des activités industrielles. Les concentrations en métaux lourds sont assez variables entre les bassins parisiens. Ceci est probablement lié aux activités industrielles présentes sur chaque bassin versant. Les concentrations en Cu et Zn aux niveaux des émissaires sont comparables, mais celles en Pb sont assez variables d'un émissaire à un autre.

On remarque que les concentrations en métaux lourds mesurées sur le site de Boudonville sont plus faibles (en particulier pour le Pb). Ceci peut être lié à une zone résidentielle avec une présence moindre d'activités industrielles rejetant les métaux. La variabilité d'une journée de temps sec à une autre est très marquée en ce qui concerne les concentrations de tous les métaux lourds étudiés.

Les flux métalliques journaliers par habitant mesurés dans les eaux usées domestiques (tableau 1.11) par (Comber et Gunn, 1996) montrent pour un bassin versant que les matières fécales (toilettes) représentent une source majeure de Cd, Cu et Zn, tandis que le Pb provient essentiellement des eaux de lave-linge.

(µg/hab/j)	Cd	Cu	Pb	Zn
Eaux de lave-linge	11	977	515	4452
Eaux de lave-vaisselle	1,3	8	6	42
Eaux de lavage de vaisselle à la main	7,8	<20	46	110
Eaux de bains	13,1	67	45	1095
Eaux de toilette (matières fécales)	48	2104	121	11400
Total	81,2	3176	733	17999

Tableau 1.11 : Flux métalliques par type d'activité domestique (Comber et Gunn, 1996)

La pollution de temps sec est généralement liée aux particules (tableau 1.12). En moyenne, 60 à 90 % des matières oxydables et des métaux lourds transportés par les eaux usées sont sous forme particulaire. Ceci dépend de l'origine des polluants et du type d'assainissement ainsi que du caractère géographique des sites étudiés.

Pourcentage de pollution liée aux particules	Boudonville (LHRSP, 1998)	Marais (Gromaire, 1998)	Entrée STEP Colombes (données SIAAP, 2004)	Bruxelles (Verbanck, 1995)
%DCO	-	60-81, (67)	48-81, (66)	(72)
%DBO	-	57-77, (65)	-	-
%Zn	(60)	76-82, (81)	-	-
%Pb	(70)	73-97, (89)	-	-
%Cu	(65)	90-94, (93)	-	-
Minimum-Maximum, (Moyenne)				

Tableau 1.12 : Pourcentage de pollution particulaire des eaux usées de temps sec

Des ratios entre les différentes teneurs en matières organiques et en métaux lourds des MES des eaux usées de temps sec sont synthétisés dans le tableau (1.13). Les particules des effluents de temps sec du Marais paraissent plus riches en matières organiques (DCO et DBO_5) que celles des autres sites de mesure. La teneur en matières oxydables reste comparable entre les différents sites de la littérature (Amont STEP Colombes, Verbanck (1995)). Cependant, cette teneur montre que les particules des eaux usées de temps sec sont plutôt de nature organique.

Teneurs des particules	Entrée STEP Colombes (données SIAAP, 2004)	Marais (Gromaire, 1998)	Bruxelles (Verbanck, 1995)
DCOp/MES(gd'O$_2$/g)	0,55-2,16 ; (1,19)	1,34-2,09 ; (1,64)	(1,16)
DBO$_5$p/MES(gd'O$_2$/g)	-	0,52-1,05 ; (0,78)	-
Znp/MES (mg/kg)	-	648-948 ; (751)	-
Pbp/MES(mg/kg)	-	48-73 ; (60)	-
Cup/MES (mg/kg)	-	345-633 ; (414)	-
Mimimum-Maximum ; (Moyenne)			

Tableau 1.13 : Teneurs en matières organiques et en métaux lourds des particules en suspension des eaux usées de temps sec

Les eaux de lavage (de rues ou du réseau lui-même), les eaux d'exhaure (vidange des réseaux souterrains situés sous le niveau des nappes), ou les défauts d'étanchéité du réseau lorsqu'il traverse une nappe, auraient tendance à diminuer les concentrations par dilution sans beaucoup affecter les flux de pollution.

En ce qui concerne les apports liés au type d'habitat la typologie des jardins peut également contribuer à la nature de la pollution, transportée aux installations de traitement ou directement rejetée en milieu récepteur, suivant la nature du réseau d'assainissement (unitaire ou séparatif) (Hollinger et al., 2001 ; Syme et al., 2004).

Les exportations de polluants sont ainsi influencées par l'entretien de pelouses parfaites même dans des régions désertiques. Cela conduit à de fortes pollutions par des pesticides et des engrais comme les zones résidentielles américaines (Overmyer et al, 2005). La consommation d'eau pour les jardins peut atteindre 56% de l'utilisation totale de l'eau à usage domestique (Syme, 2004) et une partie, lorsque l'irrigation est mal maitrisée, peut ruisseler et rejoindre le réseau d'assainissement quand il est unitaire. La quantité d'eau usée qui provient des espaces verts représente une partie importante des flux. La typologie des jardins dépend du mode de vie des habitants (Daniels et Kirkpatrick, 2006 ; Kirkpatrick et al, 2007). Une analyse de l'habitat en termes de types de jardin (pelouses, potagers) a été réalisée par Daniels (2006) en Tasmanie (Australie). Il a montré une variation de type de jardin selon que celui-ci se trouve à l'avant ou à l'arrière de la maison et/ou que celle-ci se trouve à la campagne ou au centre-ville. Le pourcentage de sol occupé en pelouse est plus faible dans le jardin à l'avant de la maison que dans le jardin à l'arrière de la maison où peuvent se trouver des animaux domestiques (risque de contamination par leurs déjections). Outre les matières en suspension en provenance des sols qui peuvent être véhiculées par ruissellement, des micropolluants (nitrates, phosphates) ainsi que des pesticides et herbicides sont présents dans ces eaux (Bormann et al, 1993, Templeton et al, 1999.). Les caractéristiques hydrologiques et le haut taux de surface d'imperméabilité dans l'espace urbain sont des conditions idéales pour le transport des polluants et des pesticides vers le milieu naturel (Gray, 2002).

I.2.2 Variabilités dues aux eaux pluviales

Par temps de pluie, les réseaux unitaires transportent un mélange d'eaux pluviales et de rejets directs, domestiques et industriels vers les installations de traitement des eaux usées et en cas de surcharge du réseau ou de ces installations, directement vers les milieu naturel via les déversoirs d'orage. Les polluants sont introduits dans les eaux de ruissellement, d'une part par le lessivage de l'atmosphère par la pluie, et d'autre part par le lessivage et l'érosion des surfaces urbaines. La figure 1.9 montre une schématisation des phénomènes d'introduction et d'échange de polluants.

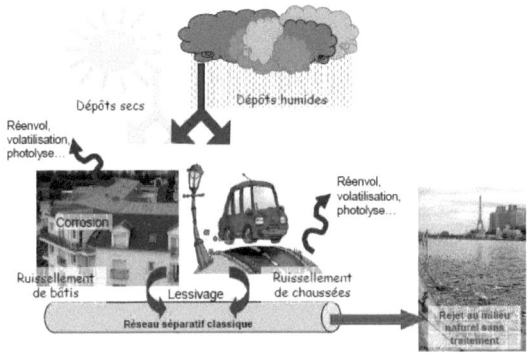

Figure 1.9 : Voies d'introduction des contaminants dans le ruissellement

Le développement de l'urbanisation a entraîné un accroissement des surfaces imperméabilisées et a modifié la capacité naturelle d'absorption de l'eau de pluie par le sol. Dans certains cas, dépendant notamment de la longueur et de la pente du réseau de collecte, les premiers flots d'orage sont les plus fortement chargés. En réseau unitaire, le volume d'eaux usées d'origine pluviale à évacuer dépend de l'importance des précipitations ainsi que de l'écoulement ou du débit du bassin de drainage.

On peut distinguer trois sources qui émettent des contaminants (micropolluants organiques, métaux traces) dans les eaux pluviales : l'atmosphère, les bâtiments, les voiries. L'atmosphère est contaminée par un grand nombre de micropolluants qui se déposent sous forme de retombées sèches (par gravitation) ou de retombées humides pendant la pluie. Les teneurs en polluants organiques augmentent avec le niveau d'urbanisation et en particulier avec les activités humaines de chauffage, incinérations et industries (Blanchard et al, 2006; Cincinelli et al., 2003). Les retombées atmosphériques sont une source importante de métaux traces à l'échelle du bassin versant. Sabin et al. (2005) ont par exemple évalué la contribution de l'atmosphère entre 57 et 100 % des métaux contenus dans les eaux de ruissellement en milieu urbain.

Les matériaux utilisés pour la construction des bâtiments contiennent un grand nombre de substances susceptibles d'avoir un impact néfaste sur l'environnement et qui peuvent être lessivées par le ruissellement. Les substances peuvent être l'élément principal du matériau comme pour les toitures en métal, ou en être un additif comme dans les peintures ou les matières plastiques. Le ruissellement des toitures a été beaucoup étudié pour les éléments métalliques. Les résultats de l'étude de Gromaire (2002) à Paris, montrent que les toitures constituent la principale source de pollution métallique du bassin versant: plus de 80% de la masse de cadmium, de plomb et de zinc contenue dans la totalité des eaux de ruissellement du bassin, et plus de 50% de la masse de cuivre. Ils montrent également que les masses de cadmium, plomb et zinc apportées au réseau par les eaux de ruissellement seraient supérieures à celles mesurées à l'exutoire, ce qui signifierait une perte métallique par stockage dans le réseau. Pour le cuivre au contraire, elle observe un apport provenant des stocks du réseau. Beaucoup moins de données sont disponibles en ce qui concerne les micropolluants organiques. Les résultats des travaux de Chebbo (1992) à l'échelle annuelle montrent que le ruissellement est la source majeure de MES et de DCO (respectivement 56 et 45%), alors que les eaux usées sont la principale source de DBO_5 (55%). Par ailleurs, l'échange avec le réseau ne représente que 20% de la masse de pollution annuelle des eaux unitaires. Des pesticides (Vialle, 2013 ; Messing, 2013 et Coutu, 2012) peuvent également être lessivés, soient des toitures sur lesquelles ils ont pu être déposés par temps sec, soient des façades elles-mêmes.

La contamination est également émise par la voirie. Les particules véhiculées par temps de pluie aux exutoires des bassins versants trouvés dans la littérature sont de nature organique. Gromaire (1998) montre que pour les MES et les matières organiques, la pollution des eaux de ruissellement du bassin versant représente moins de 30% de la pollution totale véhiculée au cours d'une pluie à l'exutoire. Cette pollution est principalement due au ruissellement des chaussées, qui génère 40 à 70% de la masse totale de particules et de la matière organique des eaux de ruissellement.

La contribution des eaux usées à la masse de MES, MVS, DCO et DBO_5 produite au cours d'une pluie varie fortement d'un événement pluvieux à l'autre. Elle varie en moyenne entre 21 et 39%. Par ailleurs, Gromaire confirme le rôle essentiel des stocks de pollution présents à l'intérieur du réseau unitaire, comme source de pollution des eaux de temps de pluie. Dans le cas du Marais, 30 à 80% de la masse polluante en MES, MVS, DCO et DBO_5 est attribuable aux stocks du réseau. De plus, le réseau contribue à l'apport de matière organique sous forme particulaire (36 à 81% pour la DCO et 39 à 85% pour la DBO_5) : en effet au cours des évènements pluvieux, les sédiments accumulés pendant les jours de temps secs précédents chaque épisode sont remis en suspension ou chassés vers l'aval. Les chaussées sont également une source importante de HAP dans les eaux pluviales, en effet, de nombreux auteurs rapportent que les concentrations en HAP mesurées dans le ruissellement de chaussées sont plus élevées que dans les retombées atmosphériques d'un facteur 10 à 25 (Grynkiewicz, 2003; Motelay-Massei et al, 2006). D'après Xanthopoulos et al. (1993), 90% des MES transférées dans le réseau d'assainissement proviendraient de la voirie. Le ruissellement de chaussée est très contaminé en métaux lourds. Par exemple Sabin et al. (2005) ont évalué que 48 % du cuivre contenu dans les eaux pluviales d'un bassin versant résidentiel, 2 % du plomb et 65 % du zinc provenaient du trafic routier. Ces proportions varient énormément d'un bassin versant à l'autre suivant les caractéristiques de l'urbanisation.

31

Référence	Commentaires	Concentrations µg/l		
		Cu	Pb	Zn
Lamprea (2009)	Nantes, rue	16-23	2,3-18	66-350
Drapper et al (2000)	Australie, rue et autoroute	30-340	80-620	15-1850
Boller (2004)	Suisse, Autoroute	150	300	500
Gnecco et al (2005)	Italie, rue	0,1-53	6,1-23	28-120
Sansalone et Buchberger (1997b)	Etats-Unis, voirie commerciale et passante	43-320	31-97	460-15200

Tableau 1.14 : Concentrations en métaux dans les eaux de ruissellement de chaussées

Les fourchettes de variation des teneurs en métaux lourds sont beaucoup plus larges sur les sites à l'étranger (Australie, Etat-Unis) qu'à Nantes en France. Toutefois, l'ordre de grandeur des concentrations sont comparables d'un site à l'autre. Les teneurs mesurées (Gnecco et al. 2005) en Italie semblent beaucoup plus faibles. Les concentrations en Zn et en Pb des eaux de ruissellement aux Etats-Unis et en Australie sont particulièrement élevées. Cela peut s'expliquer par la nature des matériaux utilisés pour la construction des bâtiments, pour les toitures en métal ou les particules véhiculées sur les sites considérés. Selon l'étude de LHRSP (1994) à Nancy, les masses en Cd, Cu, et Zn proviendraient en grande partie des eaux de ruissellement. Les eaux usées constituent une source mineure des métaux, sauf pour le plomb pour lequel 31% viendrait des eaux usées.

Plusieurs études ont été réalisées en France et à l'étranger (en Ile de France, à Nancy, en Espagne et en Corée du Sud) pour déterminer une variation globale des caractéristiques des eaux de ruissellement sur différents bassins versants. Les ordres de grandeur des concentrations moyennes des paramètres classiques et des métaux lourds, mesurées dans des eaux de ruissellement de différents bassins versants urbains se trouvent dans le Tableau 1.15.

Concentrations		MES	DCO	DBO$_5$	NTK	Pb	Zn	Cu
		(mg/l)				(µg/l)		
France	Marais (Gromaire, 1998)	87-874, (273)	100-1084, (377)	27-362, (154)	-	77-505, (211)	817-3503, (1530)	31-269, (117)
	L'usine de Clichy (Saget et al, 1994)	92-484, (250)	112-433, (278)	35-140, (78)	7-26, (17)	59-832, (259)	824-4360, (1752)	58-318, (153)
	BV Ile de France (Saget et al, 1996)	267-570 (421)	381-632 (478)	118-231 (153)	24-29 (27)	198-566 (393)	837-2276 (1395)	-
	Boudonville (LHRSP, 1998)	(472)	(851)	(236)	-	(99)	(631)	(16)
Espagne	Santiago de Compostela (Diaz-Fierros, 2002)	281-394 (309)	306-537 (394)	103-220 (155)	17-43 (31)	-	-	-
Corée du Sud	Bassin versant 1 Bassin versant 2(grand) (Lee et Bang, 2000)	656 74	367 163	130 86	12 12	90 10	- -	- -
Minimum-Maximum, (Moyenne)								

Tableau 1.15 : Concentrations moyennes des paramètres globaux et des métaux lourds des eaux de ruissellement

L'analyse de ces valeurs ne montre aucune tendance de la variabilité des concentrations en fonction de la taille du bassin versant. Les concentrations moyennes à l'échelle de l'évènement pluvial sont assez variables d'un site de mesure à un autre. On a également remarqué une forte variabilité d'un événement pluvieux à un autre. Celle-ci peut être liée au pourcentage de l'occupation du sol, à l'infrastructure urbaine ainsi qu'à la durée de temps sec précédent.

Une comparaison a été effectuée par Chebbo (2001) entre temps sec et temps de pluie sur le quartier du Marais (Paris) où la densité de population est élevée (295 hab/ha) avec 90% de surface imperméable, mais sans activité industrielle. Les résultats ont montré que la concentration de MES, DCO, BOD par temps sec et celle par temps humide sont du même ordre de grandeur. À l'inverse, la concentration en métaux lourds est plus élevée dans les eaux de ruissellement, et en particulier pour Zn, Pb, Cd, Cu. Leurs concentrations dans les eaux majoritairement issues des toitures par temps de pluie sont 20 à 30 fois plus élevées que celles par temps sec et 2 à 3 fois plus que dans les eaux de voirie (Gromaire, 1998).

Les caractéristiques des eaux de voirie sont aussi très différentes de celles des eaux d'écoulement de surface qui proviennent des jardins et des espaces verts. Les eaux de voiries dépendent des caractéristiques de l'urbanisation et de l'usure mécaniques des véhicules qui amènent des polluants tels que MES, HAP, particules et métaux lourds.

I.3   Méthodes de caractérisation des eaux usées

L'ensemble des activités humaines et les activités industrielles génèrent une pollution d'une extrême variabilité en quantité, en nature et en degré de toxicité. Selon la nature, l'importance de la pollution et le degré d'épuration souhaité, un grand nombre de procédés physico-chimiques ou biologiques peuvent être mis en œuvre pour traiter les rejets. Il est donc tout d'abord nécessaire de caractériser la pollution tant d'un point de vue qualitatif que quantitatif. Il existe de nombreuses méthodes normalisées de caractérisation des eaux résidentielles utilisables en laboratoire comme le montre le tableau 1.16 (Debray 1997, Laforest 1999).

	Paramètres	**Méthodes normalisées**	**Méthodes alternatives**
Paramètres organoleptiques	Couleur	NF-T 90.034, colorimétrie	Disque coloré
	Odeur-saveur	NF-T 90.035, analyse sensorielle	-
Paramètres physico chimiques	Température	NF-T 90, thermomètre à mercure	Thermosonde
	pH	NF- T 90.006, indicateur coloré	-
		NF- T 90.008, électrode spécifique	
	Conductivité	NF- T 90.031, conductimètre	-
	Potentiel redox	ASTM 1498-81, électrode spécifique	-
	Oxygène dissous	NF-T 90.106, électrode spécifique ou volumétrie	-
Pollution particulaire	Turbidité	NF-T 90.053, néphélométrie	Disque de Secchi
	MES	NF-T 90.105, centrifugation/filtration, et gravimétrie	Spectrophotométrie UV, Déconvolution (Pouet et al 1999, Vaillant et al 1999)

	DCO	NF-T 90.101, oxydo-réduction	Spectrophotométrie UV,
Paramètres globaux	COT	NF-T 90.102, oxydation, absorption IR	Déconvolution (Thomas 1995, Thomas et al 1995)
de pollution organique	DBO	NF-T 90.103, électrode spécifique, oxydo-réduction	
	NTK	NF-T 90.110, minéralisation et alcalimétrie	Photo-oxydation UV/UV Déconvolution
	Nitrates	NF-T 90.012, colorimétrie	(Roig et al 1999a, Roig et al 1999b)
	Nitrites	NF-T 90.013, colorimétrie	
	Ammonium	NF-T 90.015, colorimétrie-alcalimétrie	
	Phosphore	NF-T 90.023, colorimétrie	
	Sulfates		Spectrophotométrie UV Déconvolution (Pouly et al 1999)
Paramètres spécifiques	Détergents	NF-T 90.039, extraction-colorimétrie	Spectrophotométrie UV Déconvolution (Theraulaz et al 1996)
	Hydrocarbures totaux	NF-T 90.114, extraction-absorption IR NF-T 90.202, floculation-filtration, extraction-gravimétrie NF-T 90.203, extraction-absorption IR	Spectrophotomértrie UV Rapport d'absorbances (Touraud et al 1999, Crone 2000)
	Phénols	NF-T 90.109, colorimétrie (Ind.phénol) NF-T 90.204, extraction-colorimétrie	

Tableau 1.16 : Paramètres et méthodes d'analyse pour la caractérisation des eaux usées (Debray 1997, Laforest 1999).

I.3.1 Paramètres classiques pouvant être mesurés en ligne

Les techniques de mesure en ligne des caractéristiques des eaux résiduaires sont plus limitées que celles disponibles en laboratoire. Les mesures sur site permettent d'accéder rapidement à des informations non seulement qualitatives mais également quantitatives des paramètres des eaux. En plus on peut aussi d'obtenir des informations complémentaires, notamment en termes de variabilité, sur les paramètres considérés. Certaines des méthodes employées peuvent être mises en œuvre en continu, de façon à permettre ainsi la mise en place de procédures d'auto-surveillance, de systèmes d'alerte ou d'aide à la décision.

Cependant l'usage de la mesure sur site n'est pas encore répandu. La mesure sur site peut être réalisée de différentes façons en fonction des technologies employées. Nous distinguons deux types de méthodes.

- Les méthodes *in situ* qui sont généralement mises en œuvre à l'aide d'un capteur directement immergé dans l'eau; les données sont recueillies et enregistrées automatiquement. Des transmissions à distance sont également possibles.

- Les méthodes en ligne : dans ce cas, l'analyseur est placé sur le bord de la masse d'eau à analyser, dans un boîtier ou un bungalow, et l'échantillon est pompé par une boucle rapide jusqu'à la cellule de mesure. La prise d'échantillon ainsi que la mesure peuvent être automatisés. Une boucle de dilution est souvent incorporée pour permettre une mesure quantifiable dans le cas de forte contamination. Ces analyseurs sont basés sur des techniques optiques (spectrophotométrie UV, visible, fluorescence), chimique voire biologique. La cellule de mesure doit être adaptée au principe utilisé et peut nécessiter, par exemple, une régulation de la température, l'obscurité, l'ajout de réactifs...

I.3.1.1 Le débit

Il existe plusieurs méthodes pour mesurer le débit d'un cours d'eau ou d'un canal. Le choix de la méthode dépend de plusieurs facteurs. La mesure du débit des eaux usées est plus difficile en raison de la présence de solides (boues, matières solides, fibres, graisses etc.) ainsi que de la formation de dépôts et de croûtes et de singularités dans les collecteurs (coude, jonction, chute, etc.) pouvant conduire à des erreurs voir même à l'impossibilité de la mesure. L'échelle de variation du débit peut être très large, avec des écoulements de temps sec nocturne extrêmement faibles, atteignant même zéro, jusqu'à des écoulements par temps de pluie conduisant à un remplissage maximum, voire une mise en charge. Le débit des eaux usées domestiques est certes lié aux variations de l'activité humaine mais également à la pluviométrie. Les débitmètres les plus couramment employés sont ceux à ultrasons. La mesure y est basée sur le temps mis par une onde émise d'un émetteur pour atteindre un détecteur. Le débit est alors obtenu par corrélation en fonction du diamètre interne de la canalisation. Un débitmètre à ultrasons basé sur l'effet Doppler permet de relever à intervalle de temps régulier la hauteur d'eau dans la conduite. Ensuite, le débit peut être calculé par la formule de Manning-Strickler:

$$Q = S_m \; x \; V = S_m \; x \; (K \; x \; R_h^{\,2/3} \; x \; i^{\,1/2})$$

Avec :
- S_m, section mouillée de la canalisation (en m²)
- R_h, rayon hydraulique (en m) et $R_h = S_m/P_m$ (où P_m est le périmètre mouillé)
- K, coefficient de rugosité, dit de Strickler (en $m^{1/3}.s^{-1}$) et $K = 1/n$ (où n est le coefficient de Manning)
- i, pente hydraulique (en m/m)

Dans le cas où un débitmètre ne peut pas être installé (conduite de faible diamètre par exemple ou à profil particulier), les débits peuvent être estimés à partir des durées de fonctionnement des pompes de relevage et du débit nominal de ces pompes.

I.3.1.2 La température

La température de l'eau affecte directement de nombreuses caractéristiques physiques, biologiques et chimiques d'une eau. Des températures élevées favorisent aussi la décomposition microbienne de la matière organique dans le réseau d'assainissement. Les variations de température des eaux usées sont principalement dues aux changements climatiques. La mesure de la température peut aussi permettre la détection de certains rejets industriels dans le réseau (Vanrolleghem et Lee, 2003).

I.3.1.3 Le pH

Le pH caractérise les propriétés acides ou basiques d'un fluide. Sa mesure est rapide et permet de détecter certains rejets industriels. Les électrodes combinées évitent l'utilisation de deux électrodes (électrode de référence et électrode de verre). Les électrodes à électrolyte solide sont plus stables que les électrodes à électrolyte liquide. Les problèmes de mesure restent principalement liés à l'encrassement et aux dérives de la ligne de base.

I.3.1.4 La conductivité

La conductivité est une mesure de la capacité de l'eau à conduire un courant électrique, donc une mesure indirecte de la teneur de l'eau en ions. Un ion est un atome ou un groupe d'atomes qui possède une charge électrique positive ou négative. Ainsi, plus l'eau contient des cations comme le calcium (Ca^{2+}), magnésium (Mg^{2+}), sodium (Na^+) ou potassium (K^+), ainsi que des anions (bicarbonates (HCO_3^-), sulfates (SO_4^{2-}), chlorures (Cl^-)), plus elle est capable de conduire un courant électrique et plus la conductivité mesurée est élevée.

Les rejets contaminés augmentent la conductivité de l'eau. Par exemple, l'usage de sels de déverglaçage dans un bassin versant est une cause fréquente de la conductivité anormalement élevée d'eaux de surface. La mesure de la conductivité dans les eaux usées s'effectue généralement avec des sondes dotées de cellules à quatre anneaux qui offrent une plus large gamme de mesure (de 1 µS/cm à 2000 mS/cm). Tout comme les sondes pH, les principaux inconvénients de cette sonde sont liés au colmatage et à la dérive du signal.

I.3.1.5 Le potentiel d'oxydoréduction

Le potentiel d'oxydo-réduction, ou potentiel rédox, est une mesure qui indique le degré auquel une substance peut oxyder ou réduire une autre substance. Le potentiel redox se mesure en millivolts (mV) en utilisant un rédox-mètre. Les électrodes redox fournissent une information générale sur le niveau d'oxydation des eaux usées. Les eaux usées domestiques ont un potentiel redox de l'ordre de 100 mV par rapport à une électrode de référence Ag/AgCl. Un potentiel inférieur à +40 mV caractérise un milieu réducteur (eaux septiques, fermentation putrides, présence de réducteurs chimiques). La septicité de l'effluent conduit à la formation de sulfures (S^{2-}) et provoque le dégagement d'H_2S. Un potentiel supérieur à +300 mV correspond à un milieu anormalement oxydant (Degrémont, 1991).

I.3.2. Méthodes optiques permettant de déterminer des paramètres globaux de pollution

Les méthodes optiques sont basées sur l'analyse d'un faisceau lumineux après la traversée du milieu à analyser. Les paramètres mesurés sont d'une part les matières en suspension et d'autres parts des substances dissoutes organiques ou minérales.

I.3.2.1 Matières en suspension

Les matières en suspension peuvent être détectées par la mesure de l'absorption ou de la diffusion du faisceau incident. Les néphélomètres permettent une mesure de la diffusion suivant un angle variable mais le plus souvent à 90° alors que les turbidimètres se basent sur la mesure d'absorption. Quel que soit l'angle de mesure, la valeur du paramètre optique analysé va dépendre des caractéristiques de la suspension analysée. Ces appareils sont utilisables en continu mais nécessite un étalonnage préalable. La turbidité s'exprime alors en unité de la solution étalonnée. La méthode normalisée prévoit l'utilisation de formazine (unité FNU). L'utilisation de la mesure de turbidité selon la méthode normalisée doit permettre d'aboutir à ce que, quel que soit l'appareil ou le modèle, on obtienne pour une même suspension, la même indication de turbidité dans la même unité. En général, les résultats obtenus par voie optique sont satisfaisants. Cependant, les relations établies entre la teneur en matières en suspension et la turbidité restent le plus souvent spécifiques au site et aux matériels considérés.

I.3.2.2 La spectroscopie d'absorption UV-visible

La spectrométrie d'absorption des rayonnements ultraviolet et visible est employée depuis longtemps pour la caractérisation des eaux. Sa mise en oeuvre repose sur la loi de Beer-Lambert. Lorsqu'une lumière d'intensité (I_0) passe à travers une solution, une partie de celle-ci est absorbée par le(s) soluté(s). L'intensité I de la lumière transmise est donc inférieure à I_0. On définit l'absorbance A de la solution comme :

$$A = log_{10}(\frac{I}{I_0})$$

L'absorbance est d'autant plus grande que l'intensité transmise est faible. La relation de Beer-Lambert décrit que, à une longueur d'onde (λ) donnée, l'absorbance d'une solution est proportionnelle à la concentration des espèces de la solution et à la longueur du trajet optique (distance sur laquelle la lumière traverse la solution). Ainsi, pour une solution contenant une seule espèce absorbante :

$$A_\lambda = \varepsilon_\lambda . C . l$$

A_λ est l'absorbance de la solution pour une longueur d'onde (λ), ε_λ (en L/mol/cm) est le coefficient d'extinction molaire de l'espèce absorbante en solution à cette longueur d'onde λ, C (en mol/L) est la concentration de l'espèce absorbante, l (en cm) est la longueur du trajet optique.

L'absorbance mesurée pour une longueur d'onde donnée correspond à la somme des absorbances de chaque groupe.

$$A = log_{10}\left(\frac{I}{I_0}\right) = \sum_{i=1}^{n} \varepsilon_i C_i . l$$

Cette propriété d'additivité très importante est exploitée dans la plupart des appareils de mesure et permet en particulier pour le dosage de composés présents dans les effluents. Ainsi, pour une solution contenant plusieurs espèces absorbantes, l'absorbance de la solution est la somme des absorbances respective de chaque espèce.

La détection de colorants par spectrométrie se fait à partir de rayonnements dans le domaine visible. Mais nombre de matières organiques peuvent être détectées dans le domaine des rayonnements UV. Initialement, les lampes à vapeur de mercure basse pression ont

37

largement été utilisées. Elles émettent dans l'UV le maximum d'énergie à la longueur d'onde 253,7 nm (figure 1.10). D'autres bandes sont obtenues aux longueurs d'onde 185, 313, 365, 405 et 436 nm (Roig et al., 1999).

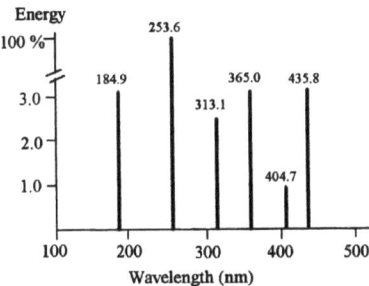

Figure 1.10 : Spectre d'émission de la lampe à vapeur de mercure basse pression (Roig et al., 1999)

Dornbush et Ryckman (1962) ont étudié l'absorbance entre 200 et 285 nm d'eaux de rivière afin d'estimer la quantité de matières organiques extraite par un procédé physico-chimique. On peut estimer ainsi le carbone organique dissous d'une eau usée par la mesure de l'absorbance à 254 nm, mais la turbidité du milieu induit des erreurs. Afin de limiter cet effet, il faut filtrer les échantillons. Les techniques ont été développées pour limiter les influences de la turbidité sur l'estimation des paramètres globaux. Mrkva (1983) a étudié la relation qui pouvait exister entre l'absorbance à 254 nm et la DCO d'eau de rivière. Il a obtenu de bons résultats avec une corrélation de type : $DCO = 0,34 + 29,5 \times A_{254}$ pour un coefficient de corrélation r^2 de 0,76 à 0,99.

Un rayonnement UV n'absorbe pas toutes les matières organiques (notamment le glucose et autres molécules saturées), alors qu'il absorbe certaines matières inorganiques (nitrates, ion hydrosulfure (HS^-) notamment). Les spectres UV de différents échantillons d'eaux usées mais ayant la même teneur en carbone organique dissous ne sont pas totalement les mêmes (Thomas et al, 1999). Il y a des différences importantes entre des eaux usées d'origine urbaine et celles d'origine industrielle.

La spectrométrie dans le domaine UV-visible peut également être utilisé en ligne et permettre l'évaluation en continu de paramètres globaux de pollution mesurés simultanément. Dans ce cas, la filtration n'est plus possible et l'on cherche à compenser l'effet des matières en suspension en utilisant une seconde longueur d'onde, dans le visible voire l'infra-rouge. Pour limiter les risques d'encrassement les instruments sont équipés d'un système intégré d'auto-nettoyage.

I.3.2.3 La fluorescence

a). Principe de la fluorescence

La fluorescence est un phénomène physique particulier. Une molécule fluorescente (*fluorophore* ou *fluorochrome*) possède la propriété d'absorber de l'énergie lumineuse (lumière d'excitation) et de la restituer rapidement (< 1 nsec) sous forme de lumière fluorescente (lumière d'émission). Pour qu'une molécule passe de l'état fondamental à un état excité, il faut qu'il reçoive une quantité d'énergie équivalente à la différence entre ces deux niveaux. La figure 1.11a présente le principe de la fluorescence (Diagramme de *Jablonski*).

a)   b)

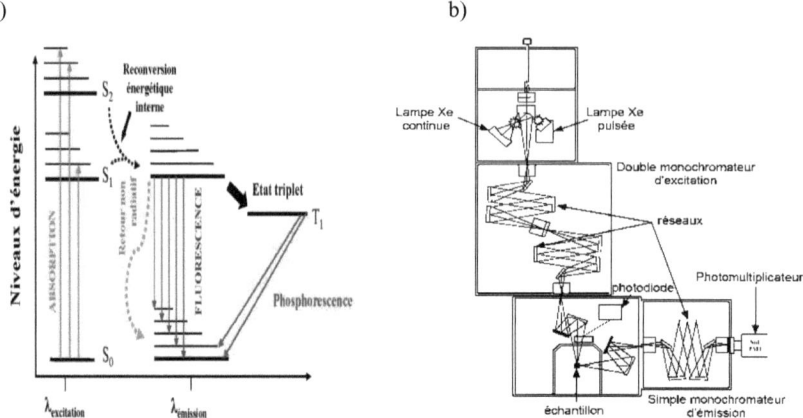

Figures 1.11 (a, b) : Principe de la fluorescence (Diagramme de Jablonski) (a) ; Schéma de fonctionnement du spectrofluorimètre (Institut des Matériaux Rouxel, 2011) (b)

La première étape du phénomène commence par l'excitation. Le fluorophore absorbe l'énergie provenant d'une source lumineuse et passe d'un état fondamental S_0 à un état excité S_1 avec changement d'orbitale des électrons. Cet état excité S_1 a une durée de vie très courte. Les interactions avec les molécules environnantes font passer progressivement la molécule au niveau énergétique excité le plus faible: c'est la conversion interne (C_I). Le passage de l'état excité S_1 à l'état fondamental S_0 se fait avec libération d'un photon d'énergie inférieure E_1, donc de longueur d'onde supérieure à celle qui a été absorbée. C'est l'émission de fluorescence (Christensen, 2005). Plusieurs phénomènes peuvent entrer en compétition avec l'émission de fluorescence.

La conversion interne ou désactivation par collision des molécules, les transferts inter systèmes et la photo-décomposition des molécules fluorescentes sont influencées par des facteurs comme la température, les métaux dissous ou la nature du solvant. Une augmentation de la température se traduit par une augmentation de la probabilité de collision entre les molécules à l'état excité, ce qui accroît la probabilité de conversions internes et diminue donc l'efficacité de fluorescence.

La spectroscopie de fluorescence permet d'obtenir deux principaux types de spectres :
- Les spectres d'émission qui consistent à fixer une longueur d'onde d'excitation et à effectuer un balayage de la longueur d'onde d'émission ;
- Les spectres d'excitation qui sont obtenus en fixant une longueur d'onde d'émission et en faisant varier la longueur d'onde d'excitation.

Les spectres de fluorescence synchrone ont été introduits plus récemment. Ils consistent à effectuer un balayage simultané des longueurs d'onde d'excitation et d'émission en gardant entre elles un écart ($\Delta\lambda$) constant. Ils permettent d'obtenir des spectres mieux

39

structurés, c'est-à-dire avec des pics de fluorescence plus distincts, que les spectres classiques qui présentent de fortes superpositions des pics de fluorescence.

Les avantages des méthodes de fluorescence sont l'exploration d'un domaine spectral de balayage en excitation et en émission, et une plus grande sensibilité que les méthodes d'absorption UV-visible.

b). *Caractérisation de la pollution par fluorimétrie*

Il est possible de mettre en évidence, tout comme cela a été fait pour l'absorbance UV-visible, des relations entre la fluorescence d'échantillons d'eaux usées et différents paramètres globaux (COT, $N\text{-}NH_4^+$, DCO…). Le travaux de Vasel et Praet (2002) sur les échantillons filtrés (à 1,2µm) à une longueur d'onde d'excitation de 280 nm ont donné un pic de fluorescence pour une longueur d'onde d'émission 355 nm. Le meilleur résultat obtenu est une corrélation entre la fluorescence (excitation 280 nm - émission 355 nm, correspondant en fait à la fluorescence de type tryptophane, due notamment de composés présentant un groupement indole, issu notamment de l'urine humaine et animale) et l'azote. La figure 1.12 présente la correspondance entre valeur BOD et la variation de fluorescence à une longueur d'onde d'émission 340 nm (Reynolds et Ahmad, 1997).

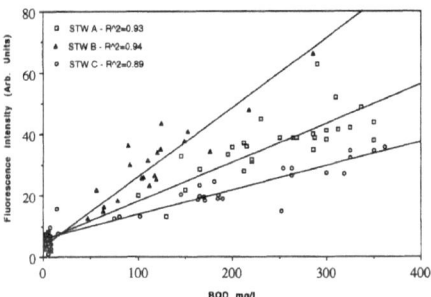

Figure 1.12 : La variation de fluorescence à 340 nm est en fonction de valeurs BOD (Reynolds et al, 1997)

L'étude d'Ahmad (1995) a montré qu'on peut caractériser quelques substances par l'identification des pics des spectres de fluorescence. Les fluorescences maximales obtenues à une longueur d'onde d'excitation de 248 nm peuvent permettre de reconnaître la présence d'acides aminés aromatiques, de la lignine et de substances humiques. D'autres études plus récentes effectuées sur des eaux résiduaires ont mis en évidence la présence de certains acides aminés (de type de tryptophane,) et de substances humiques (acides fulviques et humiques) ce qui permet la détection des pollutions d'origine anthropique. L'intensité du spectre de fluorescence d'une matrice excitation-émission d'un échantillon d'eau de rivière est présenté dans la figure 1.13 (Baker, 2002).On observe trois zones bien distinctes: correspondant aux acides fulviques (zone A), acides humiques (zone B) et substances de type tryptophane (zone C).

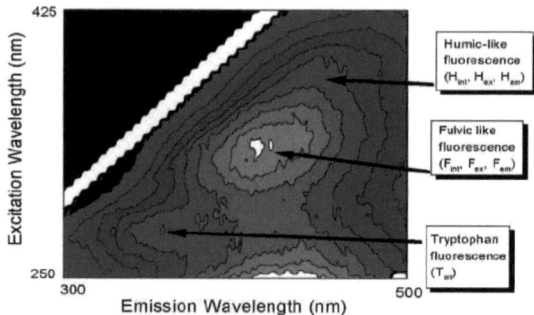

Figure 1.13 : L'intensité du spectre de fluorescence matricielle d'excitation-émission d'un échantillon d'eau de rivière, zone A (acides fulviques), zone B (acides humiques), zone C (tryptophane)- Baker (2002)

La spectrométrie de fluorescence permet aussi de détecter les azurants optiques. Ce sont des molécules organiques synthétiques en général dérivées de stilbènes et contenant des groupements sulfonâtes. Ils sont très utilisés dans les lessives, les textiles, les papiers et les détergents. Leur utilisation courante vient de leur capacité à donner aux matériaux un « éclat de blancheur ». Leur détection peut notamment se faire par différence de spectres avant et après leur irradiation à 365 nm pendant une quinzaine de minutes : leurs propriétés de fluorescence disparaissent, alors que celle des substances humiques (qui fluorescent à peu près pour les mêmes longueurs d'onde d'excitation et d'émission est peu altérée (Hartel et al., 2007, 2008).

La fluorimétrie permet également d'établir des corrélations entre la fluorescence à certaines longueurs d'onde et quelques métaux lourds. Des méthodes ont été développées pour détecter certains ions métalliques (tels que Hg^{2+}, Ag^{2+}, Pb^{2+}, Al^{3+}, Zn^{2+}, Cu^{2+}, Cr^{3+}) dans les eaux résiduaires (Tipping, 1998, da Silva, 1998). La méthode repose sur la formation d'un complexe hautement fluorescent entre un agent chélatant et les métaux lourds. La fluorescence est ensuite mesurée aux longueurs d'onde d'excitation de 380 nm et d'émission de 540 nm. Mais il existe aussi les inconvénients liés à ces mêmes éléments métalliques qui diminuent la fluorescence dues aux molécules organiques. Les résultats de Reynolds (1995) montrent que des concentrations en cuivre ou nickel de 1 mg/L sont suffisantes pour diminuer la fluorescence de 40 %.

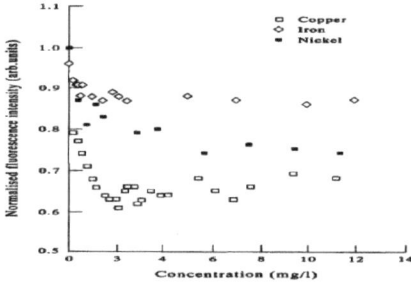

Figure 1.14. Intensité de fluorescence d'un échantillon d'eaux usées décantées en fonction de la concentration en cuivre, nickel et fer. A longueur d'onde d'excitation = 248 nm, longueur d'onde d'émission = 340 nm (Ahmad et Reynolds, 1995)

41

I.4   Conclusions sur l'étude bibliographique

Ces données bibliographiques présentent les différentes sources de contamination des eaux et les études déjà réalisées sur les relations entre le comportement socio-économique des populations et la composition et les flux d'eaux usées.

De plus, l'analyse bibliographique concernant les caractéristiques des eaux usées de temps sec et de temps de pluie, véhiculées aux exutoires des bassins versants urbains de différentes tailles, nous a permis de souligner l'importance des caractéristiques des polluants de différents sites ainsi que de la pollution générée par temps de pluie.

La variabilité des eaux usées a donc ici été étudiée puis a fait l'objet d'une comparaison entre des sites de tailles et de contextes socio-économiques bien distincts (Chapitre 3 et 4). Ces chapitres permettront de mettre en évidence la variabilité des eaux usées à différentes échelles : journalière, hebdomadaire et saisonnière. On s'attachera aussi à mettre en évidence qu'à chaque site appartient un type de variabilité.

De plus, ces données bibliographiques ne nous ont pas permis d'établir une tendance claire sur la variabilité spatio-temporelle des caractéristiques et des origines de polluants, en fonction des différences de taille des bassins versants (en zone urbaine ou rurale...), du contexte géographique et du type d'occupation des sols. Et c'est d'ailleurs dans cet objectif que la présente étude va être orientée.

CHAPITRE II. MATERIELS ET METHODES

Ce chapitre est divisé en deux parties. La première (II.1) présente les différents lieux (réseaux d'assainissement, stations de traitement des eaux résiduaires urbaines) dans lesquels les campagnes de mesures ont été réalisées : Nancy- Maxéville, Pont-à-Mousson, Fléville-devant-Nancy, Vandœuvre-lès-Nancy (quartier de Brabois) et Villers-lès-Nancy (quartier de Clairlieu).

La deuxième partie (II.2) présente les méthodes d'analyse de l'espace urbain. Dans la section (II.2.1) on trouve l'analyse des images spatiales qui permettent de renseigner les caractéristiques spatiales et temporelles de l'occupation du sol. Ceci peut donner certaines indications sur la composition des eaux usées. La section (II.2.2) consacre à la classification de l'occupation du sol avec les images spatiales.

La troisième partie (II.3) décrit toutes les méthodes mises en œuvre dans ce travail. La section (II.3.1) présente les conditions de prélèvement et stockage des échantillons. Ensuite les méthodes de mesure du débit sont décrites dans la section (II.3.2). La troisième section (II.3.3) présente toutes les méthodes d'analyse physico-chimiques utilisées pour caractériser la composition des eaux résiduaires urbaines, en particulier les micropolluants traditionnels ou émergents, tels que les métaux lourds.

II. 1 Présentation des sites expérimentaux

Les différentes campagnes de prélèvement ont été réalisées à l'entrée d'installations de traitement des eaux résiduaires urbaines ou dans des réseaux d'assainissement correspondant à des contextes géographiques et socio-économiques bien distincts. Cinq sites ont été retenus, parmi lesquels l'entrée de la station de traitement des eaux résiduaires urbaines d'une grande agglomération (Grand-Nancy, 266 000 EH) et l'entrée de celle d'une ville de taille moyenne (Pont-à-Mousson, 16 200 EH). Des prélèvements ont également été réalisés sur le réseau d'assainissement d'une commune rurale (Fléville-devant-Nancy, 2624 EH), d'une zone mixte rassemblant des effluents urbains et hospitaliers (Brabois, sur la commune de Vandoeuvre-lès-Nancy, 2500 EH) et enfin d'une zone résidentielle (Clairlieu, sur la commune de Villers-lès-Nancy, 3800 EH). Les communes de Fléville-devant-Nancy, Vandœuvre-lès-Nancy et Villers-lès-Nancy font partie du Grand Nancy.

II.1.1 Nancy-Maxéville

La création de la communauté urbaine du Grand Nancy, également connue sous le sigle CUGN et couramment appelée Grand Nancy, remonte à 1995. C'est une communauté urbaine située dans le département de Meurthe-et-Moselle en région Lorraine qui est centrée autour de la ville de Nancy. Cette agglomération englobe 20 communes et comptait environ 266 000 habitants en 2010.

La station d'épuration de Maxéville, mise en service en 1971, a une capacité de 500 000 équivalents-habitants (400 000 pour la filière urbaine et 100 000 pour la filière industrielle). Son débit de référence est de 120000 m³/j, (source : CUGN). Elle reçoit les effluents des vingt communes composant la CUGN ce qui correspond à environ à 93 000 m³/j et les eaux usées industrielles de brasseries situées au nord de l'agglomération à Champigneulles (capacité 30 000 m3/j). Plus récemment, en 2010, la station a également été adaptée pour recevoir des effluents provenant d'agglomérations ne faisant pas partie de la CUGN (Frouard, Liverdun). Parallèlement, une filière de traitement des boues urbaines et industrielles a été mise en place en 1986 (digestion et séchage des boues en excès pour une valorisation agricole). 65 % du réseau d'assainissement de l'agglomération nancéienne est de type unitaire. Le traitement de la filière urbaine comporte un pré-traitement physique composé de deux dégrillages (grossier et fin), d'un dessablage, d'un déshuilage (avec traitement des graisses) suivi d'une décantation. Depuis 2003 le traitement biologique comporte un traitement de l'azote par nitrification / dénitrification. Après l'étape de clarification (dans trois bassins de 5000 m³) le phosphore est éliminé par précipitation par ajout de chlorure ferrique. L'effluent traité est rejeté dans la Meurthe.

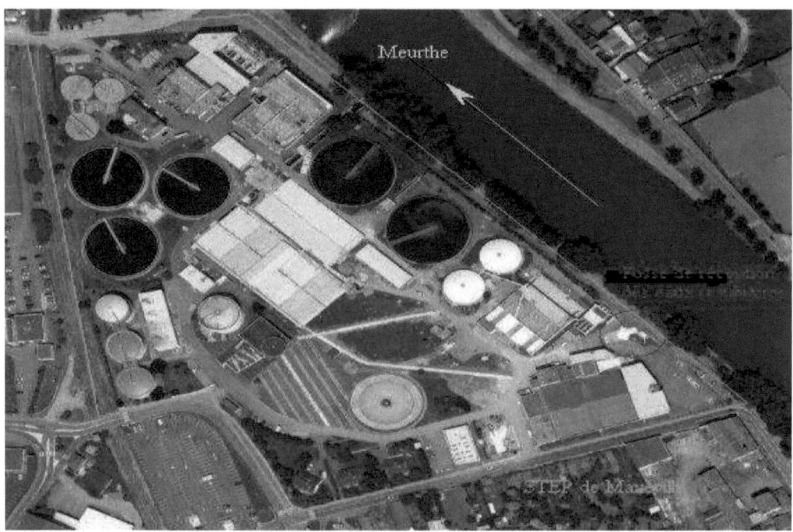

Figure 2.1 : Vue globale de la station d'épuration (STEP) de Maxéville–Grand Nancy (google earth)

Toutes les mesures réalisées sur la station d'épuration de Nancy-Maxéville ont été effectuées sur les effluents de la filière urbaine, au niveau de la fosse de réception. Le tableau 2.1 présente les caractéristiques ponctuelles de l'eau usée domestique à Nancy (source : SIERM, 2011).

	Paramètres moyens journaliers	Unité
1	*Débit*	*100 000 m³/j*
2	*DCO*	*360 mg/L - 36 t/j*
3	*DBO5*	*165 mg/L – 16,5 t/j*
4	*MES*	*178 mg/L – 17,8 t/j*
5	*NTK*	*30 mg/L - 3 t/j*
6	*P total*	*5 mg/L – 0,5 t/j*

Tableau 2.1 : Principales caractéristiques ponctuelles des eaux usées domestiques de Nancy

II.1.2 Pont-à-Mousson

La station d'épuration de Pont-à-Mousson a été mise en service en 1999 et est gérée par la SAUR. Cette STEP a en charge le traitement des effluents de quatre communes en plus de Pont-à-Mousson : Blénod-lès-Pont-à-Mousson, Norroy-les-Pont-à-Mousson, Maidières et Montauville. Ces communes sont regroupées au sein du syndicat intercommunal d'assainissement de l'agglomération de Pont-à-Mousson, dénommé « le Cycle de l'Eau ».

La capacité nominale de la STEP était à l'origine de 15 000 équivalents-habitants et a été portée à 32 000 équivalents-habitants après construction d'un second bassin d'aération et doublement de la filière déshydratation. Cette station d'épuration est équipée d'un traitement de l'azote (phases d'anoxie et d'aération) et du phosphore (ajout de chlorure ferrique dans le réacteur biologique). Le réseau d'assainissement (130 km sur les deux rives de la Moselle) est en grande partie de type unitaire et comporte un bassin d'orage, 24 déversoirs d'orage et 24 postes de relevage. Après traitement, les eaux sont rejetées dans la Moselle.

Un poste de relèvement se trouve à l'entrée de la station. Les eaux sont reprises vers un caniveau de mesure par quatre pompes immergées dont une de secours (débit = 360 m³/h). Ce poste est équipé d'un panier de dégrillage grossier. Après relèvement, l'effluent à traiter transite par un canal de mesure de débit équipé d'un Venturi rehaussé dont le niveau d'eau est mesuré par ultrason. La mesure du débit est enregistrée en continu par l'équipement de supervision. La quantité d'eaux usées arrivant à la station est calculée à partir du débit d'eau dans le canal et du temps de fonctionnement des pompes. Le traitement primaire est constitué de deux dégrillages successifs (grossier et fin) suivis des unités de dessablage et de déshuilage.

Le tableau 2.2 présente les principales caractéristiques ponctuelles des eaux usées de Pont-à-Mousson (source : SAUR).

1	*Volume journalier par temps sec*	*5500 m³/j*
2	*DBO₅*	*180 mg/L - 887 kg/j*
3	*DCO*	*326 mg/L - 1758 kg/j*
4	*MES*	*240 mg/L - 1319 kg/j*
5	*NTK*	*9,6 mg/L - 220 kg/j*

Tableau 2.2 : Principales caractéristiques ponctuelles des eaux usées de Pont-à-Mousson

II.1.3 Fléville-devant-Nancy

Fléville-devant-Nancy est une commune située au sud de l'agglomération nancéienne, à 9 kilomètres du centre de Nancy. Elle fait partie du canton de Tomblaine, Elle compte 2360 habitants dont 1180 actifs (personnes de plus de 15 ans en activité professionnelle) (données INSEE 2010). Le village existe depuis les années 800 et comporte plusieurs lotissements d'âge et de conception différents. Il a conservé son environnement rural et agricole. Fléville comprend deux pôles d'habitations (le centre du village et l'Orée du Bois), une zone industrielle (Dynapôle) et un pôle commercial (de Frocourt). Le centre du village, à l'habitat lorrain traditionnel, est regroupé autour de l'église et du château. Aux abords de ce centre sont venus se greffer plusieurs lotissements, situés dans un croissant urbanisable délimité par les versants Sud et Est du village. L'Orée du bois, construite au début des années 70, est située à deux kilomètres du village, au Nord du territoire communal, en limite de la zone urbanisée sud de la commune d'Heillecourt. Le Dynapôle s'étend sur 86 hectares, au sud du territoire. Actuellement, environ 50 entreprises y sont implantées avec une grande variété d'activités.

Compte tenu de la taille du collecteur et de la forme au niveau des tampons accès, il n'a pas été réellement possible d'y implanter un débitmètre à ultrasons. Le débit a été estimé à partir des temps de fonctionnement des pompes au poste de refoulement du Fléville Nord qui correspond à l'ensemble des eaux résiduaires reçues du village et de l'Orée du Bois, mais aussi de la zone industrielle et de la commune de Ludres (figure 2.2). Compte tenu du relief, ce poste de relèvement, situé au niveau d'une ancienne station d'épuration désaffectée, permet de renvoyer les eaux résiduaires vers un collecteur qui les dirige vers la STEP de Nancy-Maxéville. Le poste de refoulement situé à l'aval de la zone industrielle permet de connaître ce qui vient de celle-ci et de la commune de Ludres. Il n'est pas possible de distinguer les flux venant de ces deux dernières sources.

Les prélèvements ont été réalisés en deux endroits : sur le réseau d'assainissement en sortie du village (pollution domestique uniquement) et au poste de relevage qui récupère les eaux résiduaires du village, du secteur de l'Orée du Bois ainsi que du Dynapôle.

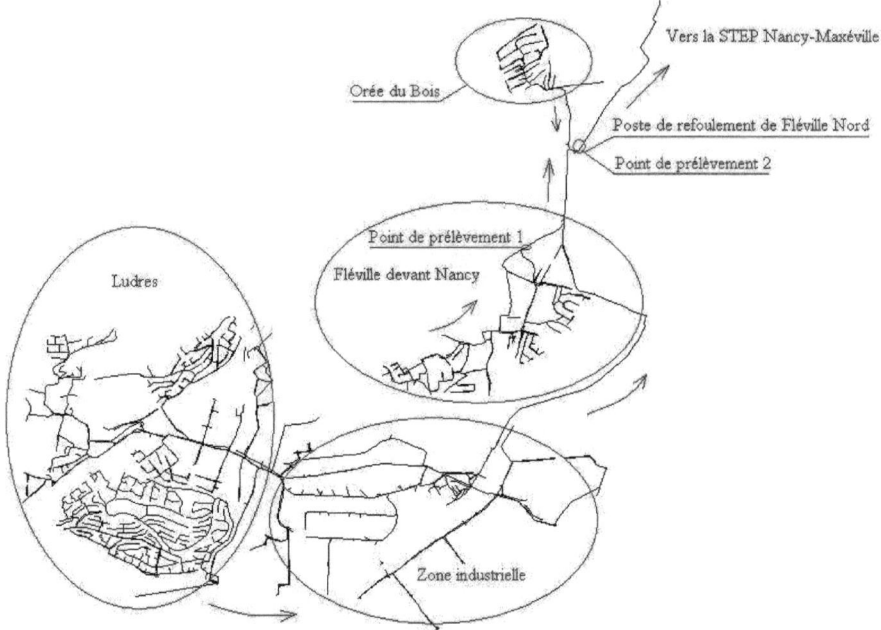

Figure 2.2 : Schéma du réseau d'assainissement de Fléville-devant-Nancy

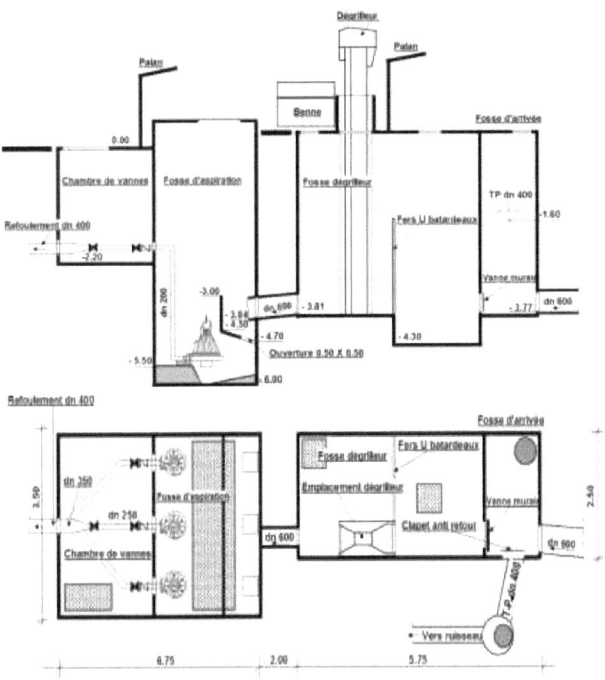

Figure 2.3 : Schéma du poste de refoulement de Fléville Nord

II.1.4 Clairlieu

Clairlieu est une zone résidentielle située à l'ouest de la commune de Villers-les-Nancy, Au XIIème siècle, le duc Mathieu 1er a installé des disciples de Saint-Bernard sur ses terres, leur octroyant une partie du plateau de Haye et les moines ont défriché une partie de la forêt pour créer une clairière (Clairlieu) où ils ont construit une abbaye, laquelle fut rasée peu après la Révolution (figure 2.5). Depuis les années 1970, la clairière est principalement occupée par un grand lotissement, construit sur d'anciens terrains agricoles et pour partie inclus dans la forêt de Haye. Ce quartier a subi quelques agrandissements depuis 1990. Il comporte actuellement : 1360 pavillons, 676 logements de type locatifs sociaux ou collectifs HLM, un foyer de personnes âgées, un groupe scolaire et un centre commercial. En 1982, Clairlieu comptait 5820 habitants, valeur relevée aussi en 1990. Sur trois groupes scolaires opérationnels en 1970, seul un groupe est opérationnel aujourd'hui, traduisant ainsi le vieillissement croissant de la population.

Clairlieu dispose d'un réseau séparatif, dont les eaux usées sont acheminées vers une station de relevage (figure 2.4), où ont été effectués les prélèvements, pour être ensuite être envoyées vers la station d'épuration de Nancy Maxéville. Les débits d'eaux usées ont été calculés à partir des relevés des pompes de relevage. Ainsi, connaissant le temps de fonctionnement et les débits des pompes sur la période de prélèvement il était possible d'en déduire les débits d'eaux usées.

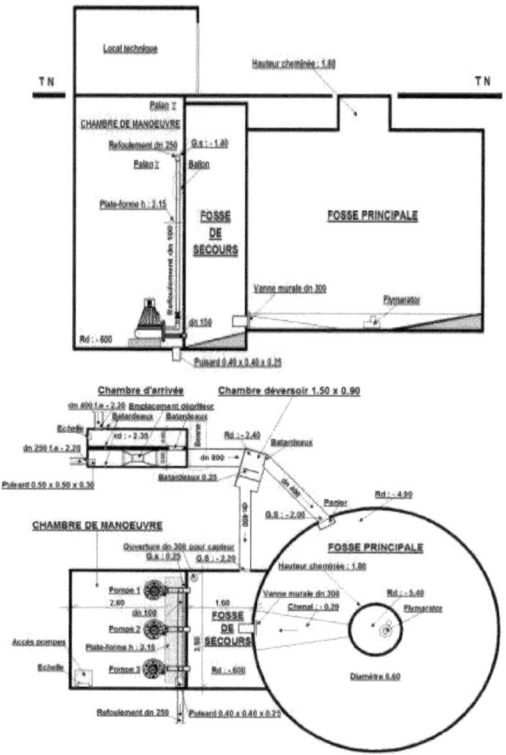

Figure 2.4 : Schéma du poste de refoulement de Clairlieu

Figure 2.5 : Panorama aérien de Ville Clairlieu (www.villerslesnancy.fr) et point de prélèvement

II.1.5 Brabois

La zone de Brabois est un sous-bassin de collecte situé en aval de l'hôpital de Brabois (CHU), qui collecte outre les effluents hospitaliers, ceux d'une zone résidentielle et d'une zone universitaire (figure 2.6). C'est la présence de l'hôpital régional (comprenant un centre hospitalier universitaire (potentiel de 950 lits) et un hôpital d'enfants (230 lits)) qui constitue l'élément important en termes de pollution. Environ 300 000 m^3 d'eaux usées sont déversés chaque année par les hôpitaux de Brabois dans le réseau urbain (sources CHU Nancy, 2010). La pollution des eaux produites par le fonctionnement du CHU correspond aux soins, laboratoires, stérilisations, sanitaires des patients et du personnel etc. Trois dispositifs sont mis en place pour pré-traiter ces eaux résiduaires avant de les déverser dans le réseau urbain : le « dégrillage » pour retenir les objets solides issus des activités de blanchisserie, le « dégraissage » pour les eaux de cuisines et le « séparateur d'hydrocarbure », utilisé principalement à la sortie des parkings de l'hôpital, pour retenir les huiles et particules déposées sur le sol et qui sont entraînées dans les canalisations par les eaux pluviales. Les eaux dites pluviales, issues des toitures et des différentes surfaces imperméabilisées, sont séparées des hydrocarbures qu'elles contiennent avant d'être directement acheminées vers la station d'épuration du Grand Nancy. Les eaux usées quant à elles, doivent être systématiquement contrôlées. Il en existe de plusieurs types, classés en fonction de leur dangerosité pour l'environnement. Le CHU de Nancy doit surveiller l'eau qu'il rejette dans le réseau d'assainissement urbain. Des contrôles sont effectués tous les 4 mois sur 15 points de prélèvements répartis dans les différents émissaires d'eaux usées du CHU de Nancy.

La zone de Brabois dispose d'un réseau séparatif. Les prélèvements ont été effectués dans une conduite d'égout et le site a été équipé d'un débitmètre à ultrasons basé sur l'effet Doppler afin de relever la hauteur d'eau dans la conduite à intervalle de temps régulier. Le capteur ultrason aérien est de type SonicSens couplé à un enregistreur de type Multilog Lite SMS (HYDREKA). Les débits ont été calculés à partir de la connaissance de la hauteur d'eau, de la pente de la conduite, de sa géométrie et de son coefficient de rugosité.

Figure 2.6 : Schéma du site et du poste de prélèvement de Brabois (google map)

II.2. Méthodes d'analyse de l'espace urbain

Les données démographiques proviennent de l'INSEE ((http://www.insee.fr) et du site Cassini de l'Ecole des Hautes Etudes en Sciences Sociales (http://cassini.ehess.fr). Des informations relatives à la structure socio-économique (activités, emploi, logement, établissements scolaires, déplacements logement-travail et logement-établissement scolaire) et à celle de la population (nombre, classe d'âge, densité, etc…) ont été obtenus à partir des sites de l'INSEE et de l'Education Nationale ((http://www.ac-nancy-metz.fr).

II.2.1 L'analyse des images spatiales

L'analyse des images satellitaires permet de construire des indicateurs spatiaux correspondant aux taux d'espace vert, à l'imperméabilité des sols à l'échelle de la ville, etc. La modification de la surface urbaine de la ville entre les couvertures végétales et les surfaces imperméables reflète des variabilités des caractères des eaux usées.

Nous avons analysé l'occupation du sol à l'échelle de la ville pour Fléville-devant-Nancy et Clairlieu soit manuellement, soit par à l'aide d'un logiciel SIG (MapInfo) soit à l'aide d'un programme spécialement développé (sous Visilog).

Il existe plusieurs sources d'information spatiales (données cadastrales) qui ont été utilisés afin de faciliter l'interprétation des images satellitaires.

- images cadastrales fournies par l'Institut Géographique National

- données vectorisées de type MapInfo

- données disponibles sur www. cadastre.gouv.fr

De même pour les photographies, il est possible de disposer :

- d'images « Orthoplan » fournies par l'Institut Géographique National

- d'images fournies par GoogleEarth.

- des photos aériennes SIG

Dans le cas présent nous comparerons les résultats de méthodes de quantification basées sur l'analyse d'images aux résultats obtenus manuellement et par MapInfo.

Le traitement multi-spectral des images a été effectué à l'aide de ILWIS version 3.5. Les résultats de surface d'occupation du sol ont été obtenus par logiciel MapInfo version 9.0. L'analyse spatiale des résultats a été réalisée par le logiciel Visilog version 6.5.

II.2.2 Classification de l'occupation du sol avec les images spatiales

Nous définissons une liste de classe d'occupation du sol d'une manière cohérente des images en se basant sur trois classes principales.

La première classe « Surfaces imperméables », elles correspondent aux surfaces urbaines ; zone pavillonnaire, zone industrielle, parkings, voirie…

La deuxième classe « Espaces verts », ils correspondent aux surfaces de cultures saisonnières annuelles ou permanentes en fonction de leur signature spectrale différente comme les vergers et les vignes, ou une végétation herbacée correspondant aux prairies et aux pâturages.

La troisième classe « Surfaces perméables », qui correspondent aux surfaces de sol nu et/où la présence de la végétation est très rare : sable, les surface de cour d'eau comme les rivières, les étangs, les lacs et les bassins artificiels.

Pour distinguer chacune des classes définies, nous les avons identifiées par des teintes et aspects différents sur l'image en utilisant une composition colorée de bandes. Cela nous a ainsi aidé à sélectionner les parties en tenant compte de la composition colorée, qui met en valeur les caractéristiques de chaque classe. Les images ont été également choisies à l'aide des photographies aériennes disponibles sur Google Earth.

   La Figure 2.7 illustre les différentes échelles utilisées dans le cas de Fléville-devant-Nancy

Fléville-devant-Nancy   Feuille AT   Lotissement de Nancoconnne   Parcelle 31

Figure 2.7 : Cadastre du village de Fléville-devant-Nancy

   Pour calculer la surface des parcelles selon l'occupation du sol, on s'est servi de plusieurs outils : d'abord les cartes cadastrales de la ville qui nécessitent beaucoup de travail (en manuellement), ensuite le logiciel   Mapinfo donne l'ensemble des surfaces selon leurs natures et celle des parcelles.   L'inconvénient est qu'on ne peut pas relier les surfaces calculées aux parcelles correspondantes. Cependant, on peut savoir le pourcentage d'occupation du sol sur l'ensemble du site.

II.3   Méthodes de caractérisation des eaux usées

II.3.1 Prélèvement et stockage des échantillons

   Les prélèvements effectués à la station d'épuration de Nancy-Maxéville ont été réalisés dans la fosse de réception avant les vis de relevage. A Pont-à-Mousson les échantillons ont été prélevés à l'entrée du canal de mesure de débit après le dégrilleur grossier. A Clairlieu les prélèvements ont été effectués à la station de relevage. A Fléville-devant-Nancy les prélèvements ont été effectués soit à partir d'un tampon dans le réseau d'assainissement (vieux village) soir à la station de relevage. A Brabois ils ont été prélevés dans le réseau d'assainissement. Les campagnes d'échantillonnage ont été réalisées par temps sec à l'aide de préleveurs automatiques ISCO 3700 sur 24h au rythme d'un prélèvement par heure. Pour certains des sites étudiés, tous les paramètres n'ont pu être mesurés en une seule campagne.

Ils seront donc présentés ici sur des périodes différentes. Le tableau 2.3 récapitule les sites de prélèvement.

N°	Site	Localité	Réseau	Type d'urbanisation
1	Entrée STEP	Maxéville	Mixte	Urbain très dense
2	Sortie STEP	Maxéville	Mixte	Urbain très dense
3	Entrée PAM	Pont à Mousson (PAM)	Mixte	Urbain dense
4	Sortie PAM	Pont à Mousson (PAM)	Mixte	Urbain dense
5	Hôpital Brabois	Vandoeuvre-lès-Nancy	Séparatif	Tête de réseau
6	Clairlieu	Villers lès Nancy	Séparatif	Habitats pavillonnaires
7	Fléville	Fléville devant Nancy	Séparatif	Habitats pavillonnaires
8	Fléville Nord	Fléville devant Nancy	Mixte	Péri-urbain

Tableau 2.3 : Tableau récapitulatif des différents sites de prélèvements

Une fois les prélèvements terminés, les échantillons sont récupérés le plus tôt possible et ils sont conservés au réfrigérateur à 4°C. Les analyses sont effectuées au laboratoire dans un délai maximal de 48 heures

Figure 2.8 : Préleveurs automatiques employés pour les campagnes de mesures.

II.3.2 Débits

Dans le cadre de notre étude, il a fallu s'adapter aux différents sites de prélèvements :

➢ Pour la station d'épuration, il a été possible d'obtenir directement les valeurs relevées sur le site en entrée et en sortie.

➢ Pour Clairlieu, les débits ont été calculés à partir des relevés du temps de fonctionnement des pompes de relevage. Ces informations sont stockées sur la base de données du service de la métrologie de la CUGN (GTC). Ainsi, connaissant le temps de fonctionnement et les débits des pompes sur la période de prélèvements, il devient possible de remonter au débit d'eaux usées.

➢ Pour notre étude sur le site de l'hôpital de Brabois, un débitmètre à ultrasons basé sur l'effet Doppler a été installé. Il relève à intervalle de temps régulier la hauteur d'eau dans la conduite.

➢ Pour le site de Fléville, la situation est plus délicate. Il a fallu combiner les données de durée de fonctionnement récupérées sur la GTC pour les postes de Ludres et Fléville pour pouvoir estimer le débit issu uniquement du village de Fléville. Pour valider cette approche le débitmètre à ultrasons a été installé pour quelques campagnes dans le regard servant au prélèvement à la sortie du village (figure 2.9). Cependant la forme de la canalisation dans ce regard ne permet pas de prendre en compte les hauteurs d'eau supérieures à 20 cm.

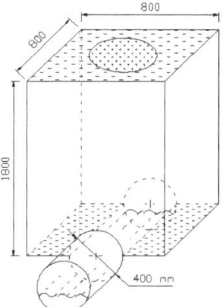

Figure 2.9 : Un regard servant au prélèvement à la sortie du village.

Une fois la hauteur d'eau connue, il est possible de remonter au débit à condition d'avoir un écoulement permanent et uniforme. Pour cela, certaines conditions doivent être réunies :
- Section de géométrie régulière et de rugosité constante
- Débit suffisant pour occuper le lit apparent sur toute sa largeur
- Pente suffisante pour assurer un bon transit du débit

Sous un tel régime, la vitesse d'écoulement peut être calculée par la formule de Manning - Strickler, couramment utilisée pour caractériser les écoulements dans les conduites d'égouts.

$$V = K . R_h^{\frac{2}{3}} . i^{\frac{1}{2}} \qquad (1)$$

Connaissant la section mouillée de la canalisation et en utilisant le principe de continuité, on remonte au débit par la formule suivante:

$$Q = S_m . V = S_m . (K . R_h^{\frac{2}{3}} . i^{\frac{1}{2}}) \qquad (2)$$

Avec:
- S_m, section mouillée de la canalisation (en m²)
- R_h, rayon hydraulique (en m) et $R_h = S_m/P_m$ (où P_m est le périmètre mouillé)
- K, coefficient de rugosité, dit de Strickler (en $m^{1/3}.s^{-1}$) et K = 1/n (où n est le coefficient de Manning)
- i, pente hydraulique (en m/m)

Le tableau 2.4 regroupe les valeurs des coefficients de rugosité de Strickler pour différents types d'ouvrages.

Type d'ouvrages	K	Type d'ouvrages	K
Lits naturels avec végétation	10 à 20	PVC annelé	70
Lit mineur d'un cours d'eau	30	Fonte neuve	80
Lits naturels propres à fond lisse	50	Acier revêtu	85
Béton rugueux	60	Béton très lisse, grès	90 à 100
Vieilles canalisations béton ou fonte	70	Cuivre, laiton, PE, PVC lisse	120 à 150

Tableau 2.4 : Coefficients de rugosité utilisés dans la formule de Manning - Strickler

II.3.3   Analyses physico-chimiques

a).   Paramètres physiques types:

II.3.3.1   pH, conductivité

Ces deux paramètres ont été mesurés sur les échantillons bruts et n'ont nécessité aucun traitement préliminaire. Les échantillons ont été maintenus sous agitation pendant la mesure. Avant chaque série de mesures, la sonde pH (combinée à une électrode de référence Ag/AgCl) a été étalonnée avec des solutions tampon à pH 4 et 10, puis une vérification a été faite avec une solution tampon à pH 7. La sonde est reliée à un pHmètre PHM210 (RAdiometer).

La conductivité a été mesurée par une sonde de conductimètre **CDM210** étalonnée dans une solution de Chlorure de Potassium (KCl). La conductivité s'exprime en micro Siemens par centimètre (μS/cm).

II.3.3.2   Turbidité

La turbidité correspond à la réduction de la transparence d'un liquide par la présence de particules en suspension (MES). Ces M.E.S sont le plus souvent des limons, des argiles, du plancton, des microorganismes et des particules colloïdales. La méthode qui a été employée mesure la lumière transmise à 450 nm avec un spectromètre HACH DR/2400. La mesure de la turbidité se fait par absorbance grâce à une mesure de la diminution de l'intensité lumineuse traversant un liquide chargé en M.E.S. Son unité est exprimée en Nephelometric Turbidity Unit (NTU). Le blanc a été réalisé avec de l'eau déminéralisée.

(NTU < 5 : eau claire ; 5 < NTU < 30 : eau légèrement trouble ; NTU > 50 : eau trouble).

La mesure de la turbidité se fait sur les échantillons non filtrés. Dans une fiole de 10 ml, on verse l'échantillon à analyser et on programme le spectrophotomètre en « signal unique » longueur d'onde 450 nm.

La courbe d'étalonnage a été établie à l'aide d'une suspension de formazine. L'équation suivante permet d'obtenir la valeur de la turbidité:

$$T(NTU) = 196,7 \times \text{Absorbance}$$

On a également mesuré les Matières en Suspension Total (MEST), Elles représentent la totalité des matières non dissoutes dans l'eau (minérales, organiques et colloïdales). L'analyse consiste à placer dans une coupelle en aluminium qui aura été préalablement pesée

55

(P1), 20 ml d'échantillons à analyser. Après passage à l'étuve à 105°C, puis séchage pendant 24h, la coupelle est à nouveau pesée (P2). Les MEST sont quantifiées par la différence de poids entre P1 et P2. Elles s'expriment en mg/l.

b). *Paramètres de pollution*

II.3.3.3 *Ammonium*

Le dosage de l'azote ammoniacal a été réalisé par la méthode de Nessler. Le réactif de Nessler contient de l'iodo-mercurate de potassium sous forme alcaline lequel, en présence d'ions ammonium, est décomposé avec formation d'un composé jaune: l'iodure de dimercuriammonium, selon les réactions suivantes :

$$2HgI_4^{2-} + 2NH_3 \rightarrow 2NH_3HgI_2 + 4I^-$$

$$2NH_3HgI_2 \rightarrow NH_2Hg_2I_3 + NH_4^+ + I^-$$

Les échantillons doivent d'abord être filtrés sur filtre papier (à 10µm). Ensuite, on introduit dans un tube 10 ml d'échantillon et on ajoute les réactifs. On ajoute deux gouttes de stabilisant minéral en solution dans chacun des tubes puis deux gouttes de l'agent dispersant PVA (alcool polyvinylique) en solution dans chacun des tubes. Ensuite, on ajoute 400 microlitres de réactif de Nessler alcalin dans chacun des tubes en utilisant une micropipette réglée au volume de prise.

Après bouchage des tubes on agite afin d'homogénéiser le mélange. Le zéro est réalisé avec de l'eau désionisée. Le spectrophotomètre est réglé à la longueur d'onde de 425 nm. L'absorbance est reportée sur la courbe d'étalonnage:

$$[N - NH_4^+](mg/l) = 3{,}6517 \times \text{Absorbance}$$

Si la teneur en azote ammoniacal dépasse la gamme d'étalonnage (>2 abs) alors il est nécessaire de faire une dilution de l'échantillon avec l'aide du diluteur automatique.

II.3.3.4 *Demande Chimique en Oxygène*

La demande chimique en oxygène (*DCO*) est exprimée en mg/L d'oxygène. Cette quantité d'oxygène est équivalente à la quantité de dichromate consommée par la matière organique lors de l'oxydation à ébullition d'un échantillon.

Pour déterminer la *DCO*, la matière est oxydée par une solution contenant un mélange de quantité connue en excès de dichromate de potassium et de sulfate de mercure II (pour élimination des interférences dues aux ions chlorure). La réaction a lieu dans un milieu acide fort (acide sulfurique avec adjonction de sulfate d'argent comme catalyseur) et au reflux pendant deux heures.

Le dosage est effectué par spectrophotométrie à 620 nm (HACH DR/2400). La relation entre le pourcentage d'absorbance ou de transmittance (selon la gamme de travail: 0 – 150 mg O_2/L ; 0 – 750 mg O_2/L ; 0 – 1500 mg O_2/L) et la concentration massique d'oxygène consommé pour une longueur d'onde donnée est faite par le biais d'une droite de calibration.

La *DCO* totale est obtenue sans filtration des échantillons, tandis que la *DCO* filtrée est obtenue après filtration des échantillons (diamètre des pores environ 10 µm)

c).   Les appareils

II.3.3.5   Spectrophotométrie UV-visible

Les spectres ont été obtenus dans une gamme de 200 à 600 nm (pas de 1 nm) avec un spectrophotomètre SECOMAM Anthélie Junior (figure 2.10) sur des échantillons filtrés à 10 µm. Une cellule en quartz de 10 mm a été employée. Ses parois ont été soigneusement nettoyées avant chaque mesure. La vitesse de balayage a été fixée à 1250 nm/min. Le blanc a été réalisé avec de l'eau déminéralisée et avec la même cellule de mesure. Les spectres ont été obtenus sans dilution, mais on peut parfois observer une saturation aux plus faibles longueurs d'onde. Dans ce cas les échantillons ont été dilués à l'eau déminéralisée.

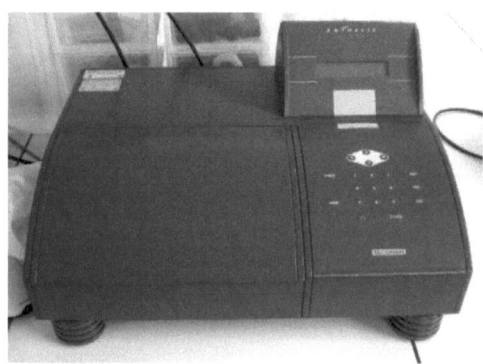

Figure 2.10 : Spectrophotomètre SECOMAM Anthélie Junior

La figure 2.11 présente un spectre d'absorption UV-visible d'un échantillon d'eaux usées prélevé à la station d'épuration de Nancy-Maxéville.

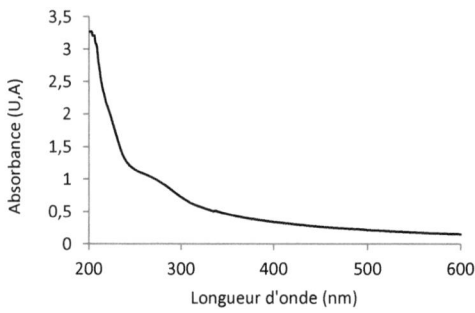

Figure 2.11 : Spectre d'absorption UV-visible de l'eau usée à la STEP Maxéville 24/10/2011

57

II.3.3.6   *Spectrofluorimétrie*

Figure 2.12 : Spectrofluorimètre HITACHI F-2500

Les mesures ont été effectuées sur un appareil HITACHI modèle F-2500 (figure 2.12). Une lampe Xénon 150 W peut émettre une longueur d'onde d'excitation dans le domaine spectral 230-600nm. Des cellules en PMMA ont été employées.

Un spectre de fluorescence synchrone est déterminé en maintenant un écart constant entre la longueur d'onde d'émission et la longueur d'onde d'excitation. Les écarts généralement utilisés se situent dans la gamme 18 – 80 nm. L'écart retenu ici est de 50 nm (Baker et al., 2001). Le balayage de la longueur d'onde d'excitation s'effectue entre 230 nm à 600 nm. La vitesse de balayage est de 300 nm/minute et les largeurs de fente sont de 2,5 nm pour l'excitation et l'émission. Le voltage du photomultiplicateur est réglé à 700 Volts. Avant toute série de mesure, il faut réaliser un test de stabilité de l'appareil avec la mesure d'un spectre à l'eau déminéralisée. L'exportation des données se fait grâce au logiciel *FL Solution* au format Excel.

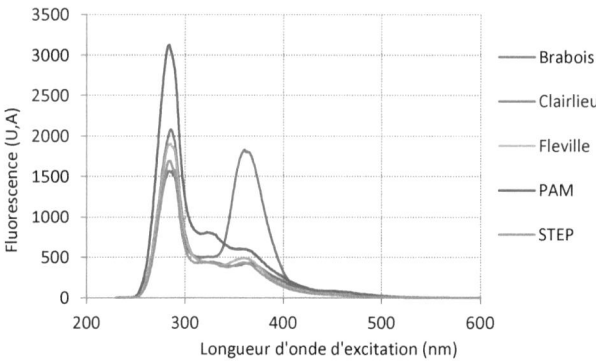

Figure 2.13 : Spectre de fluorescence synchrone

Les azurants optiques sont présents dans de nombreuses lessives ainsi que dans le papier (papier toilette). A l'inverse des substances humiques, ils sont facilement dégradables par irradiation. Afin de détecter la présence de ces azurants, nous avons mesuré l'échantillon par fluorescence avant puis après exposition à une irradiation à 365 nm pendant 15 minutes (Ahmad et Reynolds, 1995). Nous avons alors calculé un indice azurants optiques (Hartel et al. 2007) à partir de la fluorescence à 350 nm:

$$IAO = (F_{350\ t=0} - F_{350\ t=15min})/ F_{350\ t=0}$$

II.3.3.7   *Analyses par Chromatographie Ionique*

Le principe de la chromatographie ionique est basé sur la séparation d'ions en solution à travers une phase mobile et une phase stationnaire. La phase mobile est un éluant (eau+potasse). L'échantillon est injecté dans la phase mobile à travers l'injecteur. Les ions circulent dans la phase mobile à travers la colonne chargée soit positivement (pour séparer des anions) soit négativement (pour séparer des cations). Les interactions avec les résines contenues dans la colonne créent une migration des ions. Un temps de rétention est attribué spécifiquement à chaque ion. En sortie, un conductimètre permet de mesurer la conductivité en fonction du temps. On obtient un graphique où apparaît des « pics » de conductivité. La concentration d'un ion est obtenue en intégrant la moyenne du pic qui lui correspond (cf. Figure 2.14)

L'appareil utilisé est de la marque DIONEX-ICS 3000. Les échantillons doivent être préalablement filtrés à la seringue (diamètre de pores de 0,45 µm).

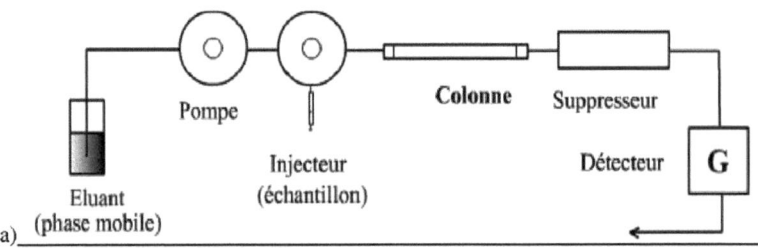

a)

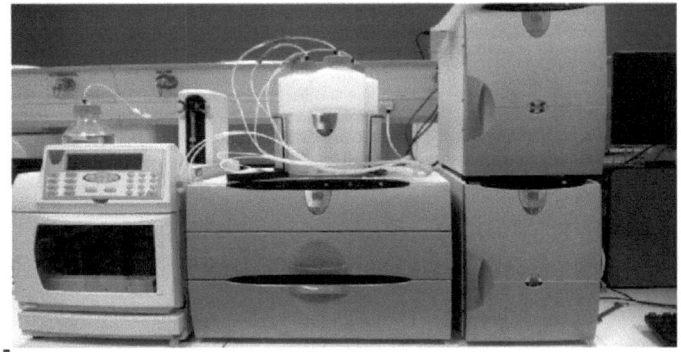

b)

Figures 2.14 (a, b) : Schéma de principe de la Chromatographie Ionique (Académie de Paris, 2011) (a) ; ICS-3000 Ion Chromatography System (b)

II.3.3.8   *Analyses du Carbone Organique Dissous*

Le Carbone Organique Dissous (obtenu sur un échantillon filtré à 10μm) se divise entre le Carbone Organique Purgeable (POC) et le Carbone Organique Non- Purgeable (NPOC). Le POC étant négligeable dans les eaux de usée, on mesure en réalité le NPOC.

L'appareil utilisé pour sa mesure est un analyseur thermique de la marque SHIMADZU. Le dispositif fait buller l'échantillon pour enlever le carbone organique volatil (COV). Ensuite il est brûlé au niveau du four à une température de 680°C. On considère que tout le carbone organique est brûlé en CO_2. Le carbone inorganique entre en combustion seulement à 680°C et il ne peut donc pas interférer. Enfin, on condense l'eau dans les fumées et on procède à la mesure du CO_2 recueilli.

a)   b)

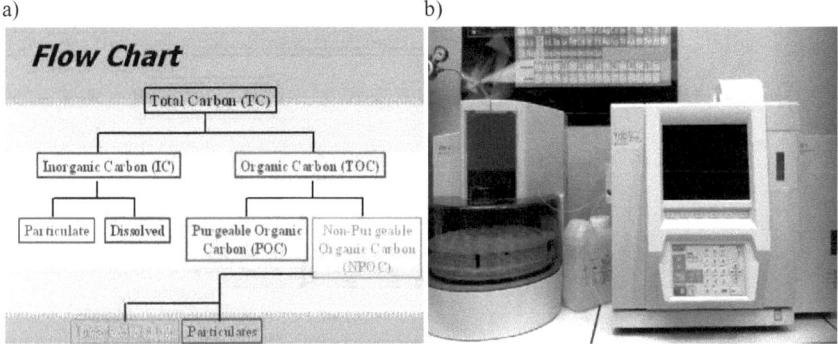

Figures 2.15 (a, b) : Schéma du Carbone Dissous (World Lingo, 2011) (a) ; L'appareil SHIMADZU – TOC-V_{CSH} (b)

II.3.3.9   *Métaux*

Les métaux suivants ont été dosés ; Ag, Cr, Cu, Fe, Ni, Pb, Zn. par spectrométrie à torche à plasma (ICP-AES) (Samake, 2008). Un générateur haute fréquence est utilisé pour chauffer un courant d'argon et créer un plasma (gaz ionisé) par l'intermédiaire d'une bobine d'induction. La température atteinte est de l'ordre de 7000 à 8000 K. Au contact du plasma, l'échantillon, préalablement minéralisé ou pas selon que l'on désire doser les métaux totaux ou solubles, filtré de toute manière à 0,45 μm et additionné d'acide nitrique a 65%, (9,8 mL d'échantillon pour 200 μl d'acide) est réduit à l'état d'atomes indépendants et d'ions. Ces atomes excités par le plasma, réémettent l'énergie qu'ils ont acquise sous forme d'un rayonnement électromagnétique qui traverse un système dispersif qui sépare les différentes raies d'émission présentes dans le rayonnement.

Chaque élément chimique possède un spectre optique caractéristique et l'intensité des raies émises par l'échantillon est proportionnelle à la concentration des éléments qu'il contient.

L'ICP-AES permet une analyse rapide, multi élémentaire et simultanée. Il est également très grande sensibilité pour la majorité des métaux, les limites de détection de la mesure de la mesure sont inférieures à 10 ppm (μg/l).

Pour la minéralisation, 5 ml d'acide nitrique à 65% sont ajoutés à 20 mL d'échantillon (ou 20 mL d'eau ultrapure pour le blanc). Ensuite les échantillons constitués sont mis dans le système de minéralisation par micro-onde à une température de 180°C, et à une pression de 9 bar pendant environ 1h 40 min en totalité (40 minute pour le processus de minéralisation et une heure pour le refroidissement des solutions des échantillons constitués). On récupère les solutions et on amène à un volume de 50 ml avec de l'eau ultrapure. Les teneurs en métaux lourds sont ainsi diluées à 2,5 fois, ce qui permet d'obtenir des valeurs significatives lors des mesures.

CHAPITRE 3. ANALYSES SOCIO-ECONOMIQUES ET GEOGRAPHIQUES

Ce chapitre est divisé en trois parties. L'analyse de la démographie et des déplacements domicile-travail est introduite dans la première partie (III.1).

La deuxième partie (III.2) présente les caractères géologiques qui influencent les propriétés de l'eau de surface.

La dernière partie (III.3) concerne l'espace urbain, en s'attachant à l'occupation et/ou l'utilisation du sol par l'analyse des plans et des photographies aériennes.

III.1 Analyse socio-économique

III.1.1 Analyse démographique

La figure 3.1 présente l'évolution de la démographie depuis la Révolution Française du territoire correspondant au Grand Nancy et des vingt communes qui composent cette communauté urbaine. La population a augmenté régulièrement depuis 1825 et ce, jusqu'au milieu des années 1970. Si l'on regarde le cas de la plus grande commune, Nancy (figure 3.1 b), on observe une réponse démographique aux trois guerres qui ont marqué le Nord-Est de la France : 1870-1875, 1914-1918 et 1939-1945. Une forte diminution de la population est visible au début des années 1960. Il s'agit en fait d'un transfert vers les communes périphériques (figure 3.1 d). Cela est particulièrement marqué pour Vandœuvre-lès-Nancy, la commune la plus peuplée après Nancy. Depuis le début des années 1990 une inversion de tendance est manifeste avec une diminution de la population dans les communes périphériques, notamment pour Fléville-devant-Nancy (Figure c) et une légère augmentation pour Nancy.

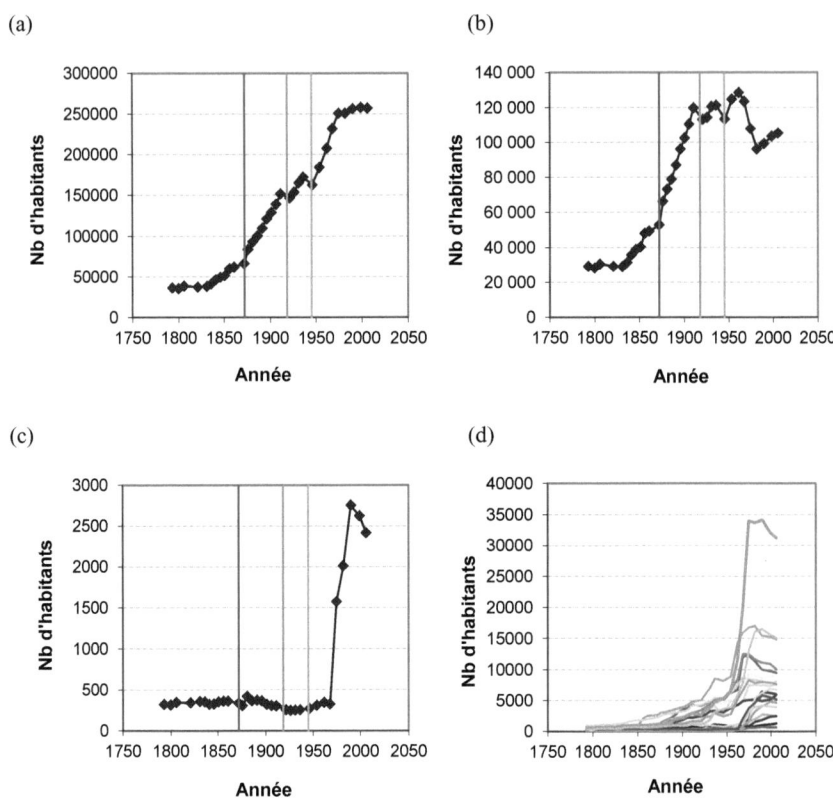

Figures 3.1 (a, b, c et d) : Evolution de la population depuis la Révolution Française. (a) Ensemble des 20 communes formant le Grand Nancy, (b) Nancy, (c) Fléville-devant-Nancy, (d) Les 19 communes (hors Nancy) du Grand Nancy. En trait gras, Vandoeuvre-les-Nancy. Les lignes verticales (1872, 1918, 1945) symbolisent les guerres qui ont marqué la région.

	Grand Nancy		dont Nancy		dont Grand Nancy, hors Nancy	
	Population	Part (%)	Population	Part (%)	Population	Part (%)
Moins de 50 ans	169 041	68,7	74 257	74,3	94 785	64,8
50 à 64 ans : pré-seniors	42 409	17,2	14 036	14,1	28 374	19,4
65 à 74 ans : mid-seniors	18 077	7,3	5 473	5,5	12 604	8,6
75 à 89 ans : grands seniors	15 549	6,3	5 551	5,6	9 998	6,8
90 ans et plus : grands seniors	1 156	0,5	593	0,6	564	0,4
Ensemble des 65 ans et plus	34 782	14,1	11 617	11,6	23 165	15,8
Ensemble des seniors	77 191	31,3	25 653	25,7	51 539	35,2
Ensemble de la population du Grand Nancy	246 233	100,0	99 909	100,0	146 323	100,0

Figure 3.2: Part des différentes tranches d'âges dans la population totale de Grand Nancy (INSEE, 2006)

Ce transfert de population se traduit entre 1999 et 2010 par une stagnation de la population totale du Grand Nancy (-0.5%) et une augmentation de la population de Nancy (+1.8%). En ce qui concerne les classes d'âge, il y a peu de variation entre 1999 et 2010, que ce soit sur le Grand Nancy ou à Nancy sauf pour les seniors. La part de ces derniers sur le Grand Nancy passe de 17% en 1999 à 21% en 2010 (de 16% à 17% seulement sur Nancy même).

	2010				1999	
	Nombre		%			
	Grand Nancy	Nancy	Grand Nancy	Nancy	Grand Nancy	Nancy
Population	256956	105421				
Pop 0-14 ans	37803	12754	15	12	17	14
Pop 15-29 ans	72972	38551	28	37	29	36
Pop 30-44 ans	45782	19197	18	18	20	19
Pop 45-59 ans	47426	16481	18	16	17	14
Pop 60-74 ans	32145	10603	13	10	11	9
Pop 75 ans ou plus	20828	7834	8	7	6	7
Population totale	256956	105421				

Tableau 3.1 : Evolution des classes démographiques entre 1999 et 2010 sur le Grand Nancy et Nancy

Environ 15% de la population du Grand Nancy a moins de 15 ans et 20% est composée de retraités (15% sur Nancy même). Les actifs représentent 60% de la population.

	Grand Nancy	Nancy
0-15 ans	14.7	12.1
Plus de 15 ans actifs	60.8	60.1
Plus de 15 ans retraités	18.9	15.3

Tableau 3.2 : Pourcentage de population en fonction de l'activité

En 2006, 70% des seniors (âgés de plus de 50 ans) habitaient dans des communes hors Nancy où ils étaient majoritairement propriétaires de leur maison individuelle. Dans les communes du Grand Nancy hors Nancy même, les seniors dans la tranche d'âge 65-75 ans vivent majoritairement en maison individuelle (65%), alors qu'à Nancy, ils vivent majoritairement en appartement (70%), en raison de la structure même du parc immobilier. En périphérie, ils sont en grande majorité propriétaires de leur logement (78%), alors qu'à Nancy ils sont seulement 59%. (Source : Grand Nancy, 2006).

Ces modifications démographiques peuvent entraîner des changements sur la dynamique des flux polluants, compte tenu des différences d'éloignement entre les communes et la station d'épuration, située dans le nord de l'agglomération (figure 3.3).

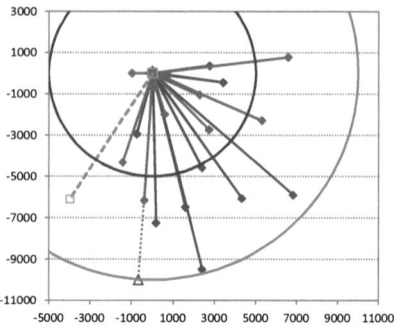

Figure 3.3 : Distance entre les communes (♦, Δ) du Grand Nancy (matérialisées par la position de leur mairie) à la station d'épuration. (Δ) Fléville-devant-Nancy, (□) Clairlieu

Si la consommation moyenne journalière d'un habitant est de l'ordre de 150 l/jour, elle varie en fonction du type d'habitat, urbain ou rural. De même, elle est plus faible pour les enfants et les personnes âgées. La distribution démographique selon la classe d'âge évolue au cours du temps. Dans le cas de Fléville-devant-Nancy, de Clairlieu et aussi que du Grand-Nancy, le pourcentage des classes d'âge inférieur à 20 ans a diminué ces dernières années (figure 3.4 à 3.6).

A l'inverse à Pont-à-Mousson, les classes des jeunes et d'actifs sont plus nombreuses que les classes de personnes âgées. Dans la zone résidentielle de Clairlieu, on a trouvé un pourcentage de retraités plus élevée que sur les autres sites étudiés. Les taux d'étudiant et de chômeur à Fléville-devant-Nancy sont moins élevés qu'à Pont-à-Mousson. Le nombre d'étudiants diminue pendant les vacances et les jours fériés, ce qui influence la consommation d'eau dans ces périodes.

Ces différences de répartition des âges dans les différentes communes vont impacter la consommation moyenne d'eau et les débits et les qualités des eaux usées.

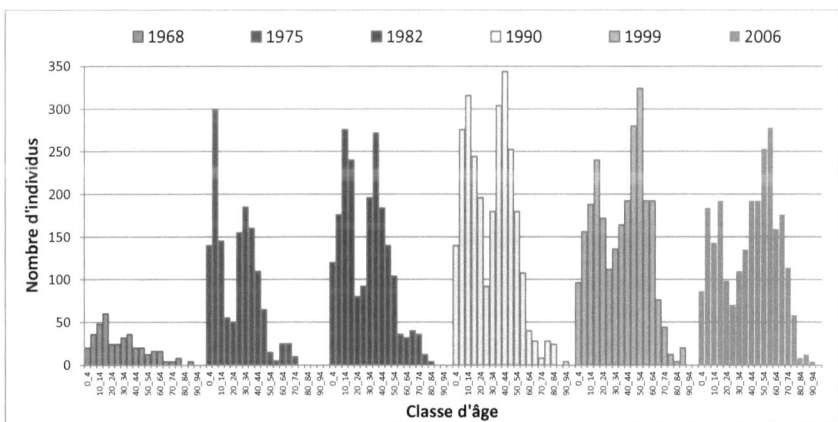

Figure 3.4 : La répartition de population des sites considérés

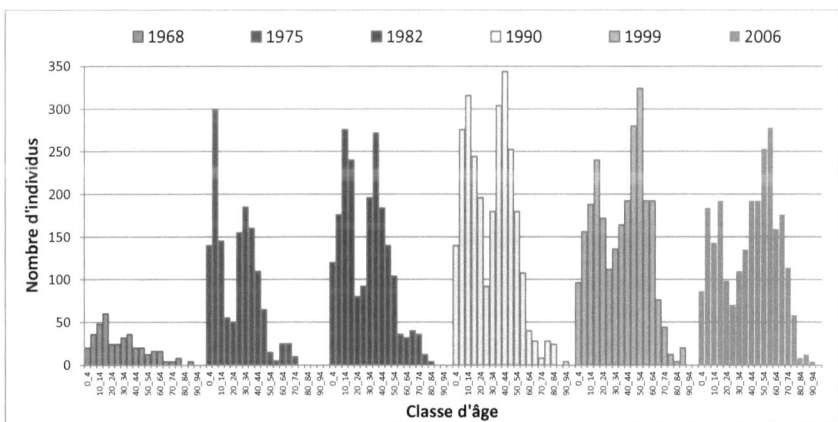

Figure 3.5 : Evolution de répartition démographique de Fléville-devant-Nancy

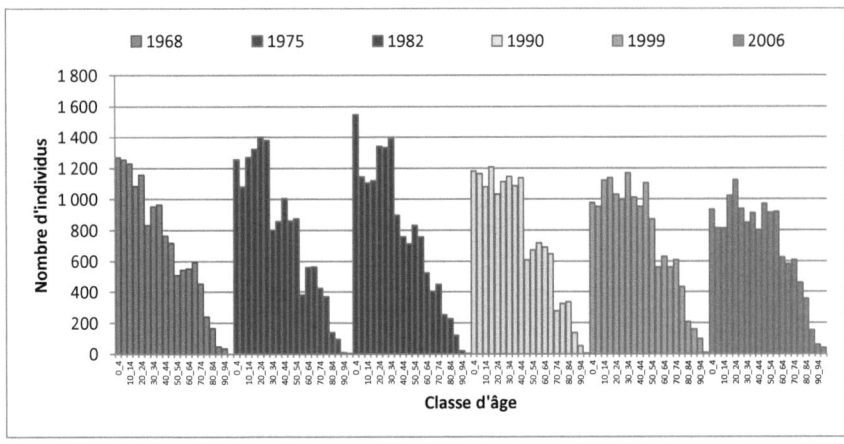

Figure 3.6 : Evolution de répartition démographique de Pont-à-Mousson

Fléville-devant-Nancy *Pont-à-Mousson*

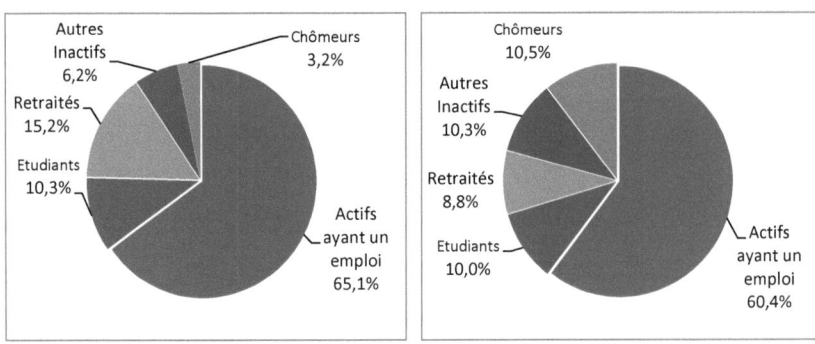

Figure 3.7 : Répartition de la Population de 15 à 64 ans par type d'activité en 2009

III.1.2 Les déplacements domicile-travail

En s'appuyant sur les données de l'INSEE présentées dans la figure 3.8, on remarque, ces dernières années, une forte mobilité des étudiants et des jeunes actifs dans le Grand Nancy. Le solde migratoire négatif du Grand Nancy est principalement dû à des mouvements d'actifs ayant un emploi et d'étudiants (élèves ou stagiaires). Ces deux catégories de population constituent en effet un volume important de mobilité avec 80% des arrivées et 70% des départs de la zone. Pendant l'année 2006, il y a eu plus de 18000 étudiants résidant sur le territoire du Grand Nancy sur une durée de moins de cinq ans, et moins de 5000 en sont partis durant cette période. C'est la seule catégorie de population pour laquelle les arrivées sont plus nombreuses que les départs. Plus de 60% de ces nouveaux étudiants viennent de Lorraine, essentiellement des Vosges et de la Moselle. À l'inverse de la population étudiante, la population active présente un solde migratoire négatif sur le Grand Nancy. En effet, plus de 30000 actifs ayant un emploi ont quitté l'agglomération et moins de 20000 y ont emménagé, en 2006. La moitié des actifs ayant migré ont entre 25 et 34 ans. Plus de 70% des actifs ayant quitté le Grand Nancy vivent en couple dont 80% pour lesquels les deux conjoints ont un emploi. Ces mobilités induisent aussi un déficit migratoire des enfants de moins de 14 ans d'environ 2700 par an (Source: Grand Nancy, INSEE, 2006).

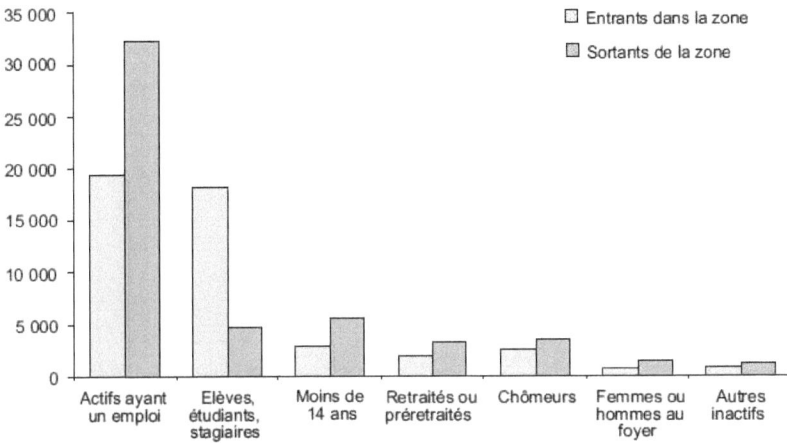

Figure 3.8 : Dynamique démographique de Grand Nancy (2006) : Arrivée d'étudiant, départ d'actifs occupés par an (Source, INSEE).

Les catégories socioprofessionnelles ayant les revenus les plus élevées sont les plus enclins à quitter le Grand Nancy : cadres et professions intermédiaires constituent les deux tiers des départs d'actifs. Un tiers des actifs quittant le Grand Nancy le font en département de Lorraine. Ces pertes ne sont pas compensées : moins de 7000 personnes exerçant des professions intermédiaires arrivent sur le Grand Nancy. A l'inverse, la grande majorité des employés et ouvriers sont moins mobiles et restent sur place.

A Pont-à-Mousson, la majorité des actifs résidants (90%) travaillent dans une ville éloignée de leur domicile. Ils doivent donc effectuer un déplacement domicile-travail lors des jours ouvrés tandis qu'à Fléville-devant-Nancy, la moitié des actifs (50%) travaillent à proximité de leur domicile. Ce facteur peut influencer la variabilité des flux polluants selon le rythme journalier mais aussi entre les jours ouvrés et le week-end. En fonction de l'éloignement, les actifs sont amenés à prendre leur repas de midi sur leur lieu de travail, ou même à ne rejoindre leur famille et leur domicile que pour le week-end.

Pont-à-Mousson

	2009	%	1999	%
Ensemble	5825	100,0	5360	100,0
Travaillent :				
dans la commune de résidence	2677	46,0	2890	53,9
dans une commune autre que la commune de résidence	3148	54,0	2470	46,1
située dans le département de résidence	1841	31,6	1587	29,6
située dans un autre département de la région de résidence	1149	19,7	777	14,5
située dans une autre région en France métropolitaine	88	1,5	63	1,2
située dans une autre région hors de France métropolitaine (Dom, Tom, étranger)	70	1,2	43	0,8

Fléville-devant-Nancy

	2009	%	1999	%
Ensemble	1071	100,0	1234	100,0
Travaillent :				
dans la commune de résidence	103	9,6	124	10,0
dans une commune autre que la commune de résidence	968	90,4	1110	90,0
située dans le département de résidence	898	83,9	1052	85,3
située dans un autre département de la région de résidence	40	3,8	34	2,8
située dans une autre région en France métropolitaine	23	2,1	21	1,7
située dans une autre région hors de France métropolitaine (Dom, Tom, étranger)	6	0,6	3	0,2

Tableau 3.3 : Lieu de travail des actifs de 15 ans ou plus ayant un emploi et qui résident dans la zone

La figure 3.9 représente la part des actifs travaillant et résidant dans la même commune sur une zone géographique incluant notamment les agglomérations de Pont-à-Mousson, Nancy et Toul. Sur ces zones, la différence de distance domicile-travail résulte en une variabilité du rythme de consommation journalière en eau potable et une différence de la consommation pendant les jours ouvrés et le week-end, ainsi que des rejets d'eaux usées dans le milieu.

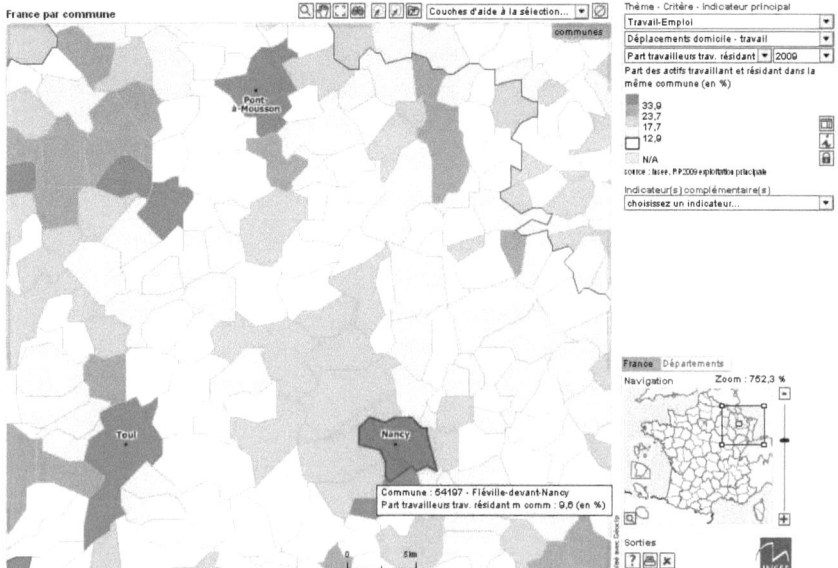

Figure 3.9 : Part des actifs travaillant et résidant dans la même commune (INSEE 2009)

III.1.2.1   Population et emploi

La figure 3.10 donne pour chaque site la population résidente non active et active, et l'excédent d'emplois par rapport à la population résidente active (la population qui travaille dans le bassin versant sans pour autant y résider).

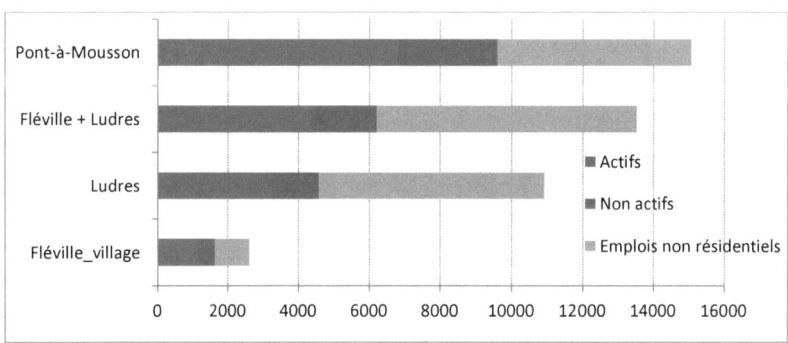

Figure 3.10 : La répartition des populations dans chaque site considéré (INSEE, 2009)

La figure 3.11 représente la densité de population sur des sites. Cette densité a un impact sur la ressource en eau par la consommation en eau potable et les rejets d'eaux usées dans le milieu.

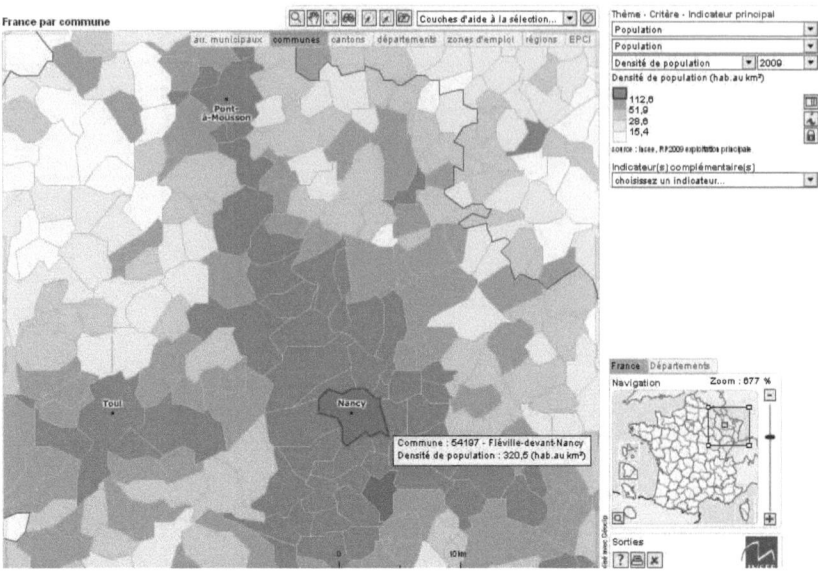

Figure 3.11 : La densité de population sur le Grand Nancy et à Pont-à-Mousson (hab. au km², INSEE 2009

	Densité de population (hab/km²)	Densité de population active (actif/km²)	Densité d'emploi salarié (emploi/km²)	Densité d'emploi non résident (actif/km²)
Pont-à-Mousson	670	315	347	253
Fléville-Nord	572	280	511	469
Ludres	800	397	800	774
Fléville village	320	151	191	131

Tableau 3.4: Densités de population et d'emploi sur les sites considérés (INSEE, 2009)

Il s'agit des zones urbaines denses avec des densités de population résidente variant entre 320 hab/ km² à Fléville village et 800 hab/ km² à Ludres (tableau 3.4).

La densité de population est nettement plus faible à Fléville-devant-Nancy, ce qui s'explique par la conservation de son environnement rural et agricole (zone d'habitation, développée principalement autour de son château médiéval).

Le taux d'activité est comparable entre les différents bassins versants avec 68 à 71% d'actifs. En revanche, la densité d'emploi salarié est variable: les valeurs les plus faibles correspondent à Fléville village (191 emplois/ km²) et à Pont-à-Mousson (347 emplois/ km²), la densité la plus forte est mesurée à Ludres (800 emplois/ km²), avec une forte densité d'emplois dans la partie aval du bassin versant, correspondant au quartier Chaudeau et au Dynapôle.

On a remarqué que le nombre d'emplois est supérieur à la population active pour tous les sites. Donc il existe un déplacement domicile-travail aux sites considérés. En plus, la densité d'emploi non résidant varie fortement d'un site à l'autre. Elle est relativement faible à Fléville village, mais très importante à Ludres.

III.1.2.2   Activités professionnelles

Différentes activités professionnelles sont présentes sur les sites considérés. Selon la base de données de SIRENE, 2009, on trouve sur ces sites:

- La zone industrielle de Ludres, créée en 1967, site de 138 ha accueillant tout type d'activités. La majorité de la centaine d'entreprises présente a des activités de commerce en gros et de transports représentant 76 % des 3 800 emplois estimés. Les autres activités sont la fabrication de produits médicaux, la fabrication de matériel de ventilation, le négoce de produits chimiques, des PME (petites et moyennes entreprises) et des agences immobilières.

- La zone Ludres-Fléville, site de 79 ha créé en 1973 constitue un important pôle logistique et de vente en gros avec une forte présence de sociétés spécialisées (Transports Michel, Mory, FM logistic,...). Ces deux secteurs représentent 58 % des entreprises et 72 % des emplois (estimés à 1 500 emplois).

- Par ailleurs, sur le Grand Nancy, on trouve majoritairement des restaurants, cafés et magasins d'habillement et une forte prédominance de bureaux (entreprises, agences immobilières, banques...).

- Le site de Pont-à-Mousson accueille majoritairement des activités commerciales de détail ou de gros (Stanlev, Coca Cola,...) des transports et diverses activités, notamment celles liées aux ordures ménagères et traitements des déchets urbains, aux matières plastiques, des restaurants et des cafés ...

Des sites	Type d'activité						
	Industries extractives, énergie, eau, gestion des déchets et dépollution	Fabrication de denrées alimentaires, de boissons et de produits à base de tabac	Fabrication d'équipements électriques, électroniques, informatiques ; fabrication de machines	Fabrication de matériels de transport	Fabrication d'autres produits industriels	Construction	Commerce ; réparation d'automobiles et de motocycles
Fléville-village	0	0	4	2	16	12	37
Ludres	10	6	7	3	32	43	131
Fléville Nord	10	6	11	5	48	55	168
Pont-à-Mousson	15	20	3	0	22	59	212
Grand Nancy	208	219	63	11	499	1115	3194

Tableau 3.5 : Le nombre des secteurs d'activités (INSEE, 2009)

Le tableau 3.5 donne pour chaque site le nombre des secteurs d'activités recensés dans la liste de l'INSEE (2009). Cette liste n'est pas exhaustive puisqu'il ne s'agit que des activités professionnelles qui ont la plus forte influence sur l'environnement.

Le pourcentage d'emplois des différents types d'activité sur chaque site est donné dans le tableau 3.6. Au total, environ 1430 emplois étaient recensés sur le site de Fléville-devant-Nancy en 2009 et alors que sur les sites de Ludres et Pont-à-Mousson, on a respectivement 3060 et 8136 emplois. A Fléville-devant-Nancy, les services et commerces occupent 72,6 % des emplois (75,9% en France), l'industrie 12,8% (14,1% en France), l'agriculture 0,3 % (3.6% en France) et la construction 5,5% (6,4% en France). Le pourcentage d'emplois industriels est plus élevé sur les deux sites de Ludres et Pont-à-Mousson (respectivement 25,5% et 26,6%) que sur celui de Fléville-devant-Nancy. A l'inverse, Fléville-devant-Nancy possède le plus fort pourcentage de territoire rural, le bassin versant se différencie des moyennes françaises avec une part plus importante des emplois agricoles.

	Fléville devant Nancy	Ludres	Pont à Mousson
	%	%	%
Agriculture	0,3	0,2	0,3
Industrie	12,8	25,5	26,6
Construction (BTP)	5,5	7	6,8
Commerce, transports, services divers	72,6	56,2	35,5
Administration publique, enseignement, santé, action sociale	8,9	11	30,8

Tableau 3.6 : Le pourcentage d'emplois selon le secteur d'activité (INSEE, 2009)

Cependant à Fléville-devant-Nancy, le nombre de sites industriels est de 18%, soit trois fois plus qu'à Pont-à-Mousson (présence de l'usine de Pont-à-Mousson Saint-Gobain qui génère à elle seule un grand nombre d'emplois)

	Fléville-devant-Nancy		Pont-à-Mousson	
	Nombre	%	Nombre	%
Ensemble	95	100,0	628	100,0
Industrie	17	17,9	38	6,1
Construction	7	7,4	64	10,2
Commerce, transports, services divers	65	68,4	406	64,6
Dont commerce et réparation auto	20	21,1	166	26,4
Administration publique, enseignement, santé, action sociale	6	6,3	120	19,1

Tableau 3.7 : Nombre d'entreprises par secteur d'activité au 1er janvier 2011

De plus, certaines catégories socioprofessionnelles peuvent influencer les concentrations de polluants spécifiques. Par exemple, des communes possédant des ateliers d'artisanat ou de peintures comme Fléville-Ludres rejetteront des lessives, des colorants et des éléments biologiquement actifs dans les eaux usées.

L'analyse des pourcentages d'emplois par catégorie socioprofessionnelle montre que les sites de Pont-à-Mousson, Fléville et Ludres se distinguent par une proportion importante d'ouvriers (respectivement 18,9 %, 7,9% et 7,6 %) et par une consommation d'eau plus forte. Par ailleurs, le pourcentage de retraités semble relativement comparable entre les sites.

	Pont-à-Mousson		Fléville-devant Nancy		Ludres	
Ensemble	11932	%	2006	%	5317	%
Agriculteurs exploitants	16	0,1	4	0,2	4	0,1
Artisans, commerçant, chefs d'entreprise	272	2,3	40	2,0	113	2,1
Cadres et professions Intellectuelles sup.	698	5,9	254	12,7	740	13,9
Professions intermédiaires	1552	13,0	389	19,4	1088	20,5
Employés	1967	16,5	341	17,0	887	16,7
Ouvriers	2255	18,9	159	7,9	405	7,6
Retraités	2946	24,7	540	26,9	1245	23,4
Autres personnes sans activité professionnelle	2225	18,6	280	14,0	835	15,7

Tableau 3.8 : L'emploi par catégorie socioprofessionnelle en 2009 (Insee)

Les activités liées au tourisme ont aussi une influence sur les effluents. Le Grand Nancy constitue une destination touristique de premier plan au niveau départemental. Il représente 0,026 % du territoire français mais correspond à 0,043 % de la capacité touristique française. Il est classé au 17ème rang national au niveau des villes pour la fréquentation. Les nuitées sur le Grand Nancy représentent 1,6% des nuitées en France. Pour le département de la Meurthe-et-Moselle, le territoire du bassin versant du Grand Nancy correspond à la zone concentrant la plus grande partie de l'offre touristique (62% de la capacité touristique du département) (Grand Nancy, 2010). A l'échelle du département, les communes situées au Sud-Est de Nancy comme Fléville et Ludres accueillent moins de touristes.

Le Grand Nancy est une destination de loisirs et de vacances aux activités principalement centrées sur la nature et les patrimoines naturels et culturels. En 2009, le tourisme a généré environ 12160 emplois salariés du privé dans le Grand Nancy. Ces emplois représentent 2,2% de l'emploi salarié régional total, contre 4,4% en France métropolitaine. D'après l'étude du Comité Départemental du Tourisme (CDT) de la Meurthe-et-Moselle, la fréquentation touristique du Grand Nancy a principalement lieu entre Pâques et la Toussaint (80%) avec une forte saisonnalité des nuitées : 26% des nuitées ont lieu en début de saison,

61% en haute saison (juillet et aout) et 13% en arrière-saison. Parmi les loisirs liés à la nature, la promenade à pied est largement pratiquée. Les deux tiers des touristes pratiquent au moins un sport de nature au cours de leur séjour : par ordre décroissant, la baignade en rivière ou piscine, la randonnée pédestre, le canoë-kayak et le cyclotourisme. Mais on constate que le tourisme urbain apparaît quant à lui comme générateur d'emploi saisonnier. Donc la population touristique est plus élevée dans la saison estivale mais il faut tenir compte des départs potentiels de la population résidente permanente.

Cette analyse nous permet d'avoir des idées sur la variabilité saisonnière en se basant sur la consommation mensuelle d'eau sur des sites étudiés.

III.1.2.3   Typologie de logement

La catégorie et la typologie de logement (maison, appartement, logement vacant, propriétaire, locataire) influent sur les comportements de consommation d'eau. Ils se reflètent par des équipements consommateur d'eau installés à l'intérieur et l'extérieur de logement, par leurs utilisations fréquentes ou occasionnelles. L'étude de Dequesne (2012) a montré que la part de propriétaires et le nombre de pièces des résidences principales impactent les comportements de consommation des plus riches ou des classes moyennes.

Le pourcentage des maisons individuelles à Fléville est deux fois plus élevé qu'à Pont-à-Mousson (respectivement 91% et 43%), celui des appartements varie en sens contraire (respectivement 9% et 57%). Les propriétaires de leur logement sont majoritaires à Fléville-devant-Nancy (89%), alors qu'il est inférieur à 50% à Pont-à-Mousson (Insee, 2009). En plus, la proportion de logement vacant à Pont-à-Mousson est importante.

	Fléville devant Nancy				Pont à Mousson			
	2009	**%**	**1999**	**%**	**2009**	**%**	**1999**	**%**
Ensemble	981	100,0	900	100,0	6920	100,0	6157	100,0
Résidences principales	959	97,7	890	98,9	6057	87,5	5569	90,4
Résidences secondaires et logements occasionnels	2	0,2	2	0,2	22	0,3	59	1,0
Logement vacant	20	2,1	8	0,9	841	12,2	529	8,6
Maison	894	91,1	841	93,4	3002	43,4	2694	43,8
Appartements	88	8,9	54	6,0	3877	56,0	3166	51,4

	Fléville devant Nancy				Pont à Mousson			
	2009	**%**	**1999**	**%**	**2009**	**%**	**1999**	**%**
Ensemble	959	100,0	890	100,0	6057	100,0	5569	100,0
Propriétaire	852	88,6	803	90,2	2775	45,8	2310	41,5
Locataire	102	10,6	73	8,2	3181	52,5	3077	55,3
Dont logement HLM loué, vide	45	4,7	28	3,1	1172	19,4	1243	22,3
Logé gratuitement	5	0,5	14	1,6	101	1,7	182	3,3

Tableau 3.9 : Catégorie et types de logements (INSEE, 2009)

Le type d'habitat influe aussi sur l'occupation du sol et de l'équipement consommateur d'eau. En général, les maisons plus grandes et individuelles sont bien équipées et elles possèdent des espaces verts et des jardins de loisir. Le tableau 3.10 donne la consommation d'eau moyenne par usage.

Douche (3 à 6 minutes)	45/90 litres
Bain	150/200 litres
Cuisson, boisson	5/10 litres
Lave-linge	70/120 litres
Chasse d'eau	25/50 litres
Lavage d'une voiture	200 litres
Arrosage	15/20 litres au m^2

Tableau 3.10 : La consommation moyenne par usage (Eco-techniques, 2008)

La consommation d'eau dépend du type de logement, des équipements du logement, elle est respectivement de 55 m^3, 90 m^3, 120 m^3, 150 m^3 en moyenne annuelle pour des logements de 1, 2, 3 et 4 personne (sources Cemagref, 2008).

III.1.2.4   Niveau de vie sur les sites

La consommation moyenne d'eau varie de façon importante selon deux critères : l'âge et les revenus.

A Fléville-devant-Nancy: le revenu moyen imposable des foyers fiscaux du bassin versant était de 32169 euros en 2009. A noter que :

- 74,2% des foyers sont imposés, leur revenu moyen s'élevant à 39350 euros par an et leur impôt à 1886 euros par an (données 2009) ;
- 25,8% des foyers ne sont pas imposés, leur revenu moyen étant d'environ 11534 euros par an.

A Ludres : le revenu moyen imposable des foyers fiscaux du bassin versant était de 30757 euros en 2009:

- 70,1% des foyers sont imposés, leur revenu moyen s'élevant à 38877 euros par an et leur impôt à 1812 euros par an (données 2009) ;
- 29,9% des foyers ne sont pas imposés, leur revenu moyen étant d'environ 11753 euros par an.

On remarque que le revenu moyen imposable des foyers fiscaux à Pont-à-Mousson est plus faible que les autres, 20034 euros en 2009 :

- 50,1% des foyers sont imposés, leur revenu moyen s'élevant à 30323 euros par an et leur impôt à 779 euros par an (données 2009) ;
- 49,9% des foyers ne sont pas imposés, leur revenu moyen étant d'environ 9703 euros par an.

La figure 3.12 souligne l'hétérogénéité des revenus dans les bassins versants, les revenus les plus élevés se concentrant sur les sites de Fléville-devant-Nancy et de site Ludres.

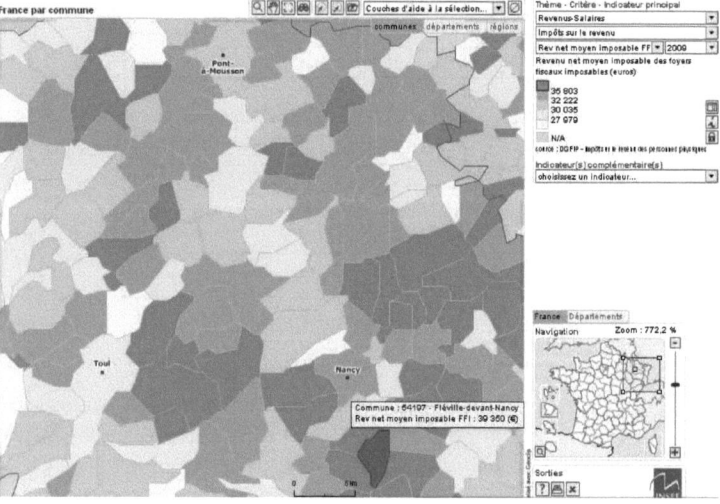

Figure 3.12 : Revenu imposable moyen des ménages en 2009, (INSEE)

Le site de Fléville-devant-Nancy compte 981 logements principaux et 1224 foyers fiscaux (1,25 foyers fiscaux par logement principal) en 2009. Le revenu imposé moyen par ménage est de 32169 € par foyer fiscal, soit 40138 € par logement principal.

Le revenu imposé par habitant est calculé en faisant l'hypothèse d'une population de 2372 habitants pour le site vivant dans les 981 logements principaux recensés. Ainsi le revenu imposé par habitant est de 16600 €/habitant/an. Pour évaluer le poids de la facture d'eau par ménage dans le revenu disponible par ménage, nous supposons une consommation de 120 m^3 par ménage et par an, et un prix de l'eau de 3,01 €/m^3 (2008) à moyenne en France, ce qui reste toutefois inférieur de 11% aux moyennes européennes (3,40 €/m^3) (NUS Consulting, 2008).

Il existe une grande disparité entre les pays en Europe de l'année 2008 (0,84 en Italie ; 5,16 euros en Allemagne; 6,18 euros au Danemark). La figure ci-dessous permet de comparer le prix moyen de l'eau des 10 pays européens.

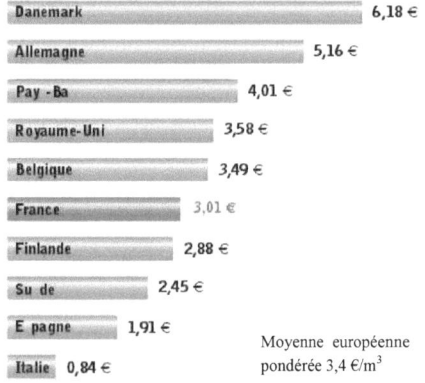

Figure 3.13 : Le prix de l'eau en Europe en 2008 (NUS Consulting ,2008)

D'après l'enquête « Budget de famille » de l'Insee parue en 2009, la facture d'eau en France représentait environ 1,3% du revenu moyen d'un ménage, et a augmenté continuellement depuis l'année 2006 (1,09 %). A Ludres, ce ratio est le même 1,26% mais à Pont-à-Mousson il est plus élevé, environ 1,9%, et au Danemark 1,8% (NUS Consulting 2009). A titre de référence, L'Organisation de Coopération et de Développement Économiques (OCDE) propose un ratio maximum de 2%, et la Banque Mondiale estime un ratio de 4% comme maximum pour les projets d'investissement dans le secteur de l'adduction d'eau potable (AEP) et de l'assainissement.

Facteur	Fléville village	Ludres	PAM
Nombre de foyers fiscaux	1224	3377	8205
Nombre de logements	981	2571	6057
Ratio foyer/logement	1,25	1,31	1,35
Revenu/foyer	32169	30757	20034
Revenu/logement	40137	40399	27139
Population	2372	6548	14466
Revenu imposé/habitant	16600	15862	11363
Nombre moyen d'habitants par logement	2,42	2,55	2,39
Prix de l'eau/logement	512	512	512
Ratio	0,0133	0,013	0,019

Tableau 3.11 : Revenu – niveau de vie sur les sites (INSEE, 2009)

III.2   Les caractéristiques géologiques

La connaissance de la géologie d'un bassin versant s'avère importante pour cerner l'influence des caractéristiques de l'eau de surface et d'eaux claires parasites. Elle est importante pour les réseaux d'assainissement unitaires de notre site étudié. La partie des eaux claires parasites dépend des captages de sources, de drainage de terrains et d'infiltrations dans des collecteurs non étanches situés dans une nappe ou longeant un ruisseau, alors que la partie de l'eau de surface est influencée par l'occupation du sol, par le taux d'imperméabilité de surface urbaine (érosion, écoulement accrue). La géologie du substratum influe non seulement sur l'écoulement de l'eau souterraine mais également sur le ruissellement de surface. Celle-ci intervient sur la vitesse de montée des crues, sur leur volume et sur le soutien apporté aux débits d'étiage par les nappes souterraines. Un bassin à substratum imperméable présente une crue plus rapide et plus violente qu'un bassin à substratum perméable. Pour caractériser la capacité d'un bassin versant à ruisseler, un indice est très souvent utilisé en hydrologie de surface. La nature du sol intervient sur la rapidité de montée des crues et sur leur volume. En effet, le taux d'infiltration, le taux d'humidité, la capacité de rétention, les pertes initiales, le coefficient de ruissellement (C_r) sont fonction du type de sol et de son épaisseur (A. Musy, 2003).

Pour étudier ces phénomènes, on peut comparer le coefficient de ruissellement sur différentes natures de sol. La littérature fournit des valeurs du coefficient de ruissellement pour chaque type de sol et, très souvent, en rapport avec d'autres facteurs tels que la couverture végétale, la pente du terrain ou l'utilisation du sol. On peut introduire une caractéristique importante du sol qui est l'humidité. En effet, l'état d'humidité du sol influence le temps de concentration dans le bassin versant. Cet état est cependant très difficile à mesurer car très variable dans l'espace et le temps. On a souvent recours à d'autres paramètres qui reflètent l'humidité du sol et qui sont plus faciles à obtenir. En hydrologie, on fait souvent appel à des indices caractérisant les conditions d'humidité antécédentes à une pluie. Il en existe de nombreux qui sont pour la plupart basés sur les précipitations tombées au cours d'une certaine période précédant un événement (Musy, 2005).

Le réseau hydrographique est une des caractéristiques les plus importantes du bassin versant. L'activité végétale et le type de sol sont intimement liés et leurs actions combinées influencent singulièrement l'écoulement en surface. Le couvert végétal prévient l'érosion, selon sa densité, sa nature et l'importance de la précipitation. L'espace vert, par exemple, intercepte une partie de l'averse par la pelouse et sa frondaison. Elle exerce une action limitatrice importante sur le ruissellement superficiel. Elle régularise le débit des cours d'eau et amortit les crues de faibles et moyennes amplitudes. A l'inverse, le sol nu, de faible capacité de rétention favorise un ruissellement très rapide. L'érosion de la terre va généralement de pair avec l'absence de couverture végétale. L'écoulement en surface amène les polluants et aussi des changements de composition de l'eau vers le bassin versant. Le réseau de drainage n'est habituellement pas le même dans des zones où a lieu l'activité agricole et/ou l'utilisation des sols différents.

Comme illustré par le tableau 3.12, globalement, les superficies agricoles sont en diminution sur le site de Ludres et de Pont-à-Mousson, en particulier les surfaces en herbe.

	Libellé de commune	Fléville-devant-Nancy	Ludres	Pont-à-Mousson	Nancy
Exploitations agricoles ayant leur siège dans la commune	2010	3	3	7	3
	2000	3	5	11	4
	1988	8	8	20	13
Travail dans les exploitations agricoles *en unité de travail annuel*	2010	2	5	6	23
	2000	3	7	13	14
	1988	7	11	24	20
Superficie agricole utilisée *en hectare*	2010	288	165	158	2
	2000	262	380	384	3
	1988	264	372	525	5
Cheptel *en unité de gros bétail, tous aliments*	2010	151	0	48	0
	2000	108	122	505	0
	1988	179	192	510	0
Superficie en terres labourables *en hectare*	2010	s	s	87	s
	2000	185	297	191	0
	1988	180	276	235	0
Superficie en cultures permanentes *en hectare*	2010	s	0	0	0
	2000	0	0	s	0
	1988	2	s	7	2
Superficie toujours en herbe *en hectare*	2010	s	s	71	0
	2000	76	83	187	0
	1988	82	95	280	0

Tableau 3.12 : La répartition de la superficie utilisée, INSEE, 2010

Les sources de pollution dans les bassins versants agricoles sont forcément diffuses. En concernant nos sites étudiés, la pollution agricole peut être importante du fait du milieu rural (Fléville-devant-Nancy, Pont-à-Mousson) et notamment au niveau des substances phytosanitaires, des concentrations en nitrates, en phosphate et en résidus de matières fécales. On a également remarqué que sur les sites considérés, il y a une partie de surface importante réservé pour le cheptel (voir tableau 3.12).

Les différentes conditions géographiques naturelles et les différents types d'occupation des sols (bâti, potager, imperméabilisées…) entraînent une variabilité des caractéristiques des eaux usées.

III.3 Analyse de l'espace urbain

III.3.1 Détermination des surfaces urbaines
Les principales surfaces urbaines présentes sur les zones considérées sont les bâtis, les voiries (trottoirs et chaussées), et les autres qui englobent : «des cours, les espaces verts publics, les arborés, les pelouses…». Leurs superficies ont été estimées à partir de la BD-topo de l'IGN, des données du cadastre et ont été calculées par le logiciel MapInfo (Tableau 3.13).

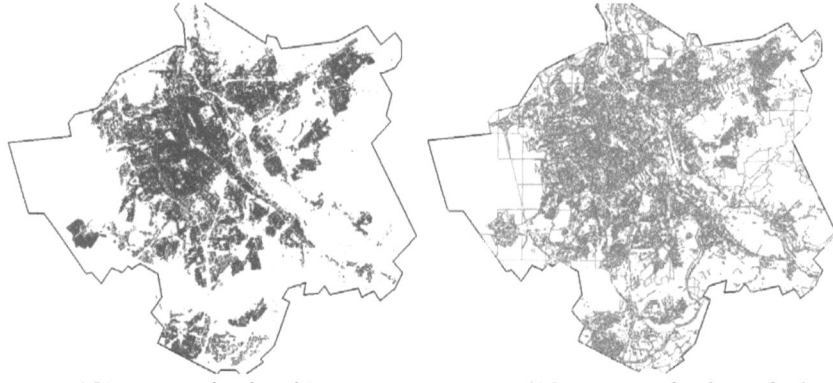

a) L'occupation de sol par bâti   b) L'occupation de sol par arboré

Figure 3.14 : L'occupation des sols sur le Grand Nancy

Des sites	Surface (m²)			% de la surface totale			Surface_totale
	Bâti	Végétation	Surface_eau	Bâti	Végétation	Surface_eau	
Grand Nancy	11481273	42635990	3539914	8,07%	29,97%	1,48%	142245810
Pont-à-Mousson	1086244	5504313		7,02%	35,58%		15468320
Fléville+Ludres	861659	1519564		13,53%	23,86%		6368641
Fléville village	93760	281519		13,27%	39,85%		706443
Ludres	767900	1238045		13,56%	21,86%		5662198
Clairlieu	177173	196910		16,76%	18,63%		1057263

Tableau 3.13 : Le pourcentage d'occupation du sol sur des zones franches urbaines

Les bâtis représentent environ 7 à 8% de la surface des grandes zones urbaines (Grand Nancy et Pont-à-Mousson) à l'exception des communes rurales et 13 à 17% de la surface des campagnes périphériques (Fléville-devant-Nancy, Ludres et Clairlieu). Par ailleurs, les surfaces végétalisées présentent des pourcentages comparables (18 à 35%) entre les cinq sites: Grand Nancy, Pont-à-Mousson, Fléville-devant-Nancy, Ludres et Clairlieu, mais elles représentent un pourcentage un peu plus faible à Clairlieu et Ludres (18 et 21%). La mesure a été effectuée au niveau des zones franches urbaines (figure 3.15), dans les petites villes périphériques où il n'y a pas beaucoup d'espaces verts communs (parc, pelouse...) ni d'espaces de service public, ce qui se traduit par une plus forte proportion de surface imperméabilité (17%) à Clairlieu. En outre, on ne peut mesurer la surface du plan de l'eau (rivière, étang, lacs...) que sur le Grand Nancy, les données des autres sites n'étant pas disponibles. Par ailleurs, on remarque que les matériaux de construction des maisons influencent les caractères des eaux de temps de pluie, surtout les toitures en zinc, présentes sur les cinq sites. En plus, on constate que la catégorie de voirie dépend fortement de l'échelle urbaine et représente un facteur important pour la détermination des polluants de temps de pluie. Il s'agit des petites rues dans les communes rurales (Clairlieu, Ludres, Fléville-devant-Nancy) impliquant une circulation automobile plus faible et par conséquent une pollution moins importante (métaux, particules, huiles). L'analyse des voiries peut révéler une variabilité de la pollution selon la densité des rues sur les sites étudiés.

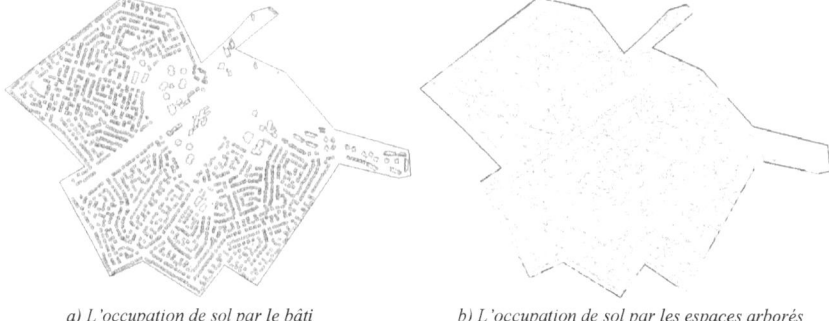

a) L'occupation de sol par le bâti   *b) L'occupation de sol par les espaces arborés*

Figure 3.15 : L'occupation des sols à Clairlieu

III.3.2 *Analyse de l'utilisation de l'espace* : *Exemple du village de Fléville-devant-Nancy*

Une analyse détaillée a été effectuée sur une partie du village de commune Fléville-devant-Nancy.

La figure 3.16 montre l'exemple d'une feuille cadastrale de la commune de Fléville-devant-Nancy, correspondant à une partie du cœur du village. En moyenne les bâtiments représentent 20% de la surface des parcelles. Le même pourcentage est obtenu pour les surfaces imperméabilisées privatives (la voirie n'est pas prise en compte dans le calcul). Le reste est occupé par des jardins et terres agricoles.

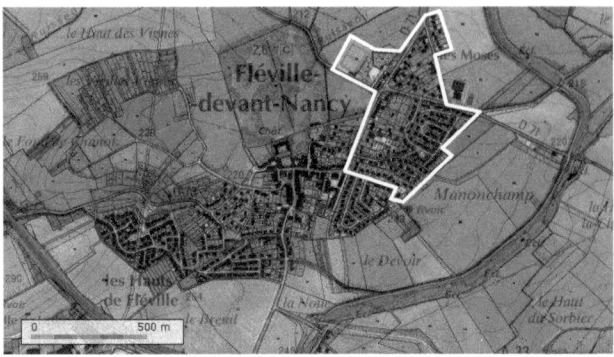

Figure 3.16 : Localisation de la feuille cadastrale AT pour la commune de Fléville-devant-Nancy

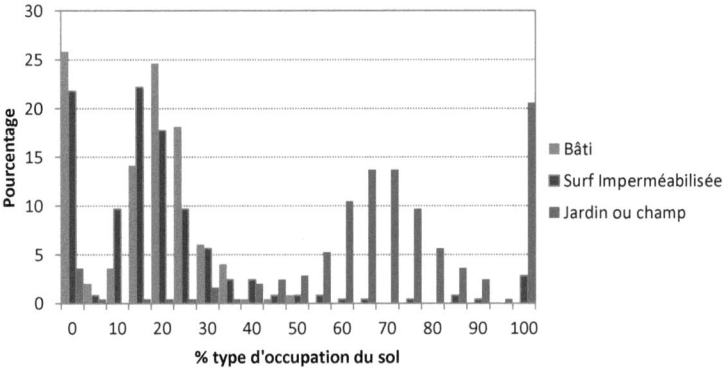

Figure 3.17 : Répartition entre surface bâtie, surface imperméabilisée (hors bâti et hors voirie) et espace vert (jardin, champ) pour la feuille cadastrale AT de Fléville-devant-Nancy.

Les images de la figure 3.18 illustrent la vision sur le cadastre. Pour déterminer la typologie des habitats de ce village, nous comparons les pourcentages entre surface bâtie, surface imperméabilisée et surface potager sur la feuille cadastrale AT à Fléville-devant-Nancy et sur l'ensemble de chaque parcelle dont la taille moyenne est de l'ordre de 820 m^2 (figure 3.19).

Figure 3.18 : Cadastre de Fléville-devant-Nancy

83

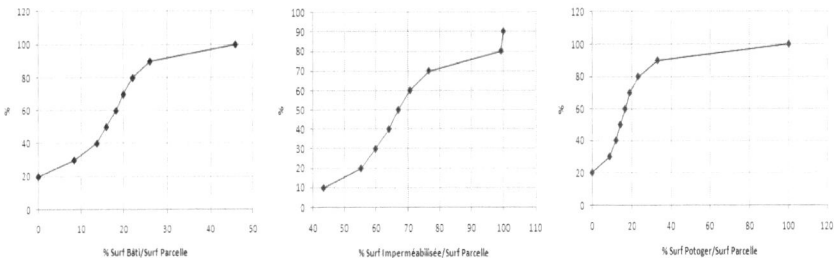

Figure 3.19 : Distribution du pourcentage bâti/parcelle et potager/parcelle pour la feuille AT à Fléville.

Nous constatons que le pourcentage entre bâti et parcelle est de moins de 45 % et que le fort pourcentage entre surface de potager et surface de feuille AT est de plus de 30 %. (> 90%), c'est-à-dire qu'il y a un grand rapport de surface de l'espace vert consacré aux activités jardinières et agricoles.

III.3.3 Conclusions sur l'analyse socio-économique et géographique

L'objectif de l'étude consiste de mieux connaître le rapport entre le contexte de socio-économique des habitants et les caractéristiques des eaux usées. Cela intègre les aspects liés au cadre institutionnel, à l'aménagement du territoire, à l'urbanisme, à la qualité de vie en général des collectivités locales...

Les modifications démographiques peuvent entraîner des changements sur la dynamique des flux polluants, compte tenu des différences de type d'habitat, urbain ou rural de la densité de population, ainsi que des classes d'âges sur les sites. Dans le cas de Fléville-devant-Nancy, de Clairlieu et aussi que du Grand-Nancy, on a trouvé que le pourcentage des classes d'âge inférieur à 20 ans a diminué contre des seniors (plus 60 ans) ces dernières années. A l'inverse à, Pont-à-Mousson, les classes des jeunes et d'actifs sont plus nombreuses que les classes de personnes âgées.

La consommation d'eau moyenne varie de façon importante selon deux critères : l'âge et les revenus.

Le déplacement domicile-travail pour des actifs lors des jours ouvrés peut influencer la variabilité des flux polluants selon le rythme journalier mais aussi entre la semaine et le week-end. Cette différence résulte en une variabilité du rythme de consommation journalière en eau potable et une différence de la consommation pendant les jours ouvrés et le week-end, ainsi que des rejets d'eaux usées dans le milieu. Sur nos sites étudiés, on a remarqué une variabilité temporelle appréciable des caractères des eaux usées aux tous les sites considérés, notamment sur trois sites ruraux (Fléville-devant-Nancy, Clairlieu, Pont-à-Mousson).

La consommation d'eau varie d'un individu à l'autre. Cela dépend également de la catégorie socioprofessionnelle, compte tenu de la population résidente non active et active. Certaines catégories socio-professionnelles peuvent être responsables de concentrations élevées de certains composants polluants. On pourrait s'attendre ainsi à trouver des différences entre les caractéristiques des eaux usées de la zone hospitalière (Brabois) et celle d'une zone résidentielle purement résidentielle (Clairlieu).

La répartition des secteurs d'activité, et en particulier d'activité industrielle sur le Dynapôle commun à Fléville et à Ludres est un facteur important influençant la modification et la composition des eaux usées.

Le taux d'infiltration, le taux d'humidité, la capacité de rétention sont fonction du ruissellement superficiel. Nous avons remarqué que pour une zone au cœur de la commune rural Fléville-devant-Nancy, le pourcentage entre bâti et parcelle est de moins de 45 % et que le fort pourcentage entre surface de potager et parcelle est de plus de 30 %. (> 90%). D'une manière générale, les zones urbaines denses (Grand-Nancy) présentent des densités de population sont plus élevés que des sites ruraux (Fléville-devant-Nancy, Ludres). A l'inverse, les espaces verts préviennent de façon importante l'érosion des sols, selon leur densité et leur nature. Tout cela va servir lors qu'on analysera la variabilité spatiale des propriétés de l'eau au chapitre suivant.

On constate que la catégorie de voirie dépend fortement de l'échelle urbaine et représente un facteur important pour la détermination des polluants de temps de pluie. Il s'agit des petites rues dans les localités rurales (Clairlieu, Ludres, Fléville-devant-Nancy) impliquant une circulation automobile plus faible et par conséquent une pollution moins importante (métaux, particule, huiles).

CHAPITRE 4. ETUDE DE LA VARIABILITE SPATIO-TEMPORELLE DES EAUX USEES

Ce chapitre comporte deux parties. Il y est d'abord présenté les résultats des campagnes de prélèvement effectuées sur les différents sites. La première partie (4.1) consistera en une comparaison des variations observées en fonction du site d'étude pour chaque paramètre: (Grand-Nancy, 266 000 EH), (Pont-à-Mousson, 16 200 EH), (Fléville-devant-Nancy, 2624 EH), une zone de collecte d'effluents hospitaliers et résidentiels (Brabois, 2500 EH), et une zone essentiellement résidentielle (Clairlieu, 3800 EH). Les paramètres étudiés sont ceux, classiques, de caractérisation des eaux usées: les paramètres globaux (pH, redox, conductivité, turbidité, *DCO*, *MES*, etc.) et les paramètres spécifiques (azote, phosphore, sulfate, chlorure, alcalins, alcalino-terreux, et en particulier, les métaux lourds, etc.).

La deuxième partie (4.2) de ce chapitre mettra en évidence les différents types de variabilité: le rythme de vie des habitants à l'échelle de la journée, de la semaine, de la saison et de l'année. Ces différents types de variabilité sont comparés en fonction des différents aspects géographiques et socio-culturels des sites étudiés. Une étude plus fine, centrée sur un seul site (celui de Fléville-devant-Nancy) a été proposée dans un article soumis à la revue Water Science and Technology (Annexe 13).

IV.1. Caractéristique des eaux usées dans les réseaux d'assainissement

Le dispositif expérimental mis en place dans le cadre de cette étude a permis la caractérisation des eaux usées par temps sec, dans le réseau d'assainissements de six sites.

IV.1.1. Données disponibles

Plusieurs campagnes de mesures, représentatives des différents jours de la semaine répartis sur plusieurs saisons ont été réalisées sur les six sites étudiés : pour chaque jour de mesure, les campagnes d'échantillonnage ont été réalisées par temps sec (dans la mesure du possible) sur 24h au rythme d'un prélèvement par heure. Le tableau (4.1) donne pour chaque site de mesure et pour chaque paramètre polluant étudié le nombre de journées de temps sec échantillonnées. Le récapitulatif des campagnes de mesure de temps sec (site de mesure, date de mesure, nombre de journées, paramètres analysés) est donné en Annexe.

Sites	DCO b	Débits	DCO Sur	DCO f	MEST	Turbi	NH4	COT	pH	Conduc	K	Na	Ca	Mg	Cl	PO3	SO4	NO3	Métaux
Brabois	2	3	0	4	0	4	4	3	4	4	3	3	3	2	3	3	3	2	2
Clairlieu	4	8	3	8	7	8	8	8	8	8	7	7	7	3	7	7	7	7	4
Fléville-village	4	5	0	5	4	5	5	5	5	5	4	4	4	3	4	4	4	4	3
Fléville Nord	2	0	0	2	2	2	2	2	2	2	1	1	1	1	1	1	1	1	2
STEP Nancy	3	4	0	14	14	14	14	14	14	14	12	12	12	12	12	12	12	11	3
STEP PAM	3	0	0	2	4	4	4	4	4	4	1	1	1	1	2	2	2	2	2

Tableau 4.1 : Nombre de journées de temps sec échantillonnées par site de mesure et par paramètre polluant

Dans tous les cas le temps sec (au moins en termes de prévision) a été privilégié, mais le nombre de jours de temps secs avant la journée de prélèvement peut varier. Il est recommandé de débuter les campagnes de mesures après deux à trois semaines de temps sec pour que le niveau des nappes phréatiques ne soit pas trop élevé. L'infiltration d'eaux claires dans le réseau peut en effet également modifier la valeur des paramètres mesurés. Les conditions météorologiques n'ont malheureusement pas toujours permis de suivre ces recommandations. Cela a une influence notamment à l'entrée de la STEP de Nancy car des vidanges de bassins d'orage peuvent subvenir dans les jours suivant un épisode pluvieux.

Les résultats obtenus pour des concentrations moyennes journalières des matières en suspension, des matières organiques et azotées et des métaux lourds donnent les caractéristiques des eaux usées de temps sec.

IV.1.2. Comparaison des paramètres classiques de pollution des sites

Dans cette partie, nous comparons l'évolution, au cours du temps, des paramètres classiques de pollution des eaux usées des différents sites expérimentaux. Ces paramètres sont le débit, le pH, la turbidité, la DCO, le COT, la conductivité, l'azote ammoniacal, les ions majeurs, et certains métaux.

A Brabois, la majorité des campagnes de mesures ont été réalisées par temps sec et plusieurs semaines sans pluie, ceci amenant à un faible débit. La situation est parfois confuse car les effluents collectés proviennent d'une zone hospitalière et d'une zone résidentielle, même si l'on distingue bien les périodes diurne et nocturne. Pendant la nuit, le très faible débit au niveau du préleveur n'a pas toujours permis de collecter certains échantillons.

Il a légèrement plu durant les jours qui ont précédé certaines campagnes à la STEP de Nancy (8 décembre 2009 et 23 mars 2010), et particulièrement deux jours avant le début des analyses.

Les campagnes de Clairlieu se sont déroulées sur plusieurs jours de l'année, incluant la période de vacances d'hiver (lundi 07 mars et dimanche 13 mars 2011) et des jours d'été et d'hiver. Toutes les campagnes ont été réalisées par temps sec et/ou froid. A Fléville-devant-Nancy des campagnes de mesures ont également été effectuées dans la période de vacances d'été (mercredi 17 août 2011) et pendant des jours ouvrés.

A Pont-à-Mousson, les mesures ont également été effectuées à l'entrée et à la sortie de la STEP. La première campagne a été effectuée le mercredi 30 mars 2011. La seconde s'est déroulée lundi 14 novembre 2011. Il a un peu plu avant certains jours de mesure, mais le temps était sec lors des jours de prélèvement.

Afin d'étudier la variation spatio-temporelle des paramètres classiques, nous avons analysé, dans un premier temps, l'évolution de la valeur moyenne de chaque paramètre, calculée sur tous les sites en fonction du temps. Dans un second temps, nous avons étudié la variation de la valeur moyenne journalière de ces mêmes paramètres en fonction des sites. Les résultats sont présentés dans les paragraphes suivants.

IV.1.2.1 Le pH

D'une manière générale, le pH des eaux usées de tous les sites étudiés varie entre 6,5 et 8,8 environ (figures 4.1 (a) à (d)). Celui observé à Fléville et Brabois est légèrement plus basique que celui à l'entrée des STEP. On n'observe pas de réelle périodicité dans l'évolution du pH.

a) STEP Nancy   b) Clairlieu

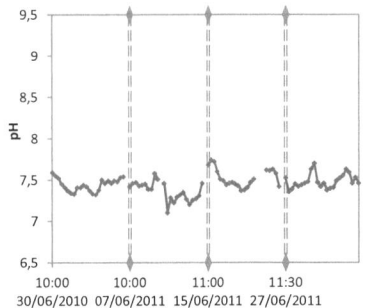
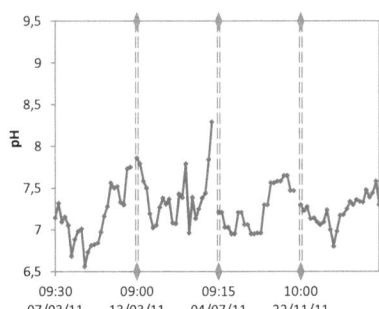

c) Fléville-devant-Nancy   d) Brabois

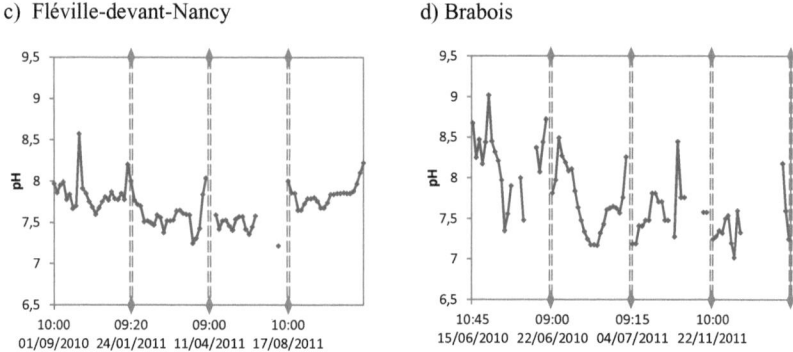

Figures 4.1 (a, b, c et d) : Variations au cours du temps du pH des eaux usées à STEP Nancy (a), Clairlieu (b), Fléville-devant-Nancy (c) et Brabois (d)

Le tableau 4.2 donne les ordres de grandeurs de la conductivité et du pH moyens journaliers mesurés aux points de prélèvement sur les réseaux d'assainissement des six sites étudiés.

	Brabois	Fléville	Clairlieu	STEP Nancy	STEP PAM
pH	7,28-8,45 (7,76)	7,44-7,97 (7,72)	7,02-8,19 (7,52)	7,11-7,82 (7,44)	7,02-7,7 (7,57)
Conductivité *(mS/cm)*	0,50-1,78 (1,142)	0,96-1,38 (1,203)	0,99-1,61 (1,264)	0,54-1,38 (1,015)	1,01-1,82 (1,656)
	1er décile-9ème décile, [médianes] sur l'ensemble de la campagne de mesure de temps sec.				

Tableau 4.2 : Paramètres physiques moyens journaliers des eaux usées de temps sec

IV.1.2.2 La conductivité

De même que le pH, la conductivité varie peu d'un site de mesure à un autre et d'un jour à l'autre. La conductivité varie faiblement autour de 1 mS/cm (figures 4.2 (a) à (d)). A titre indicatif, la conductivité de l'eau potable de Nancy est d'environ 0,33 mS/cm. Il est difficile d'observer une périodicité reproductible d'un jour à l'autre tant les variations sont faibles.

a). STEP Nancy

b). Clairlieu

c). Fléville-devant-Nancy

d). Brabois

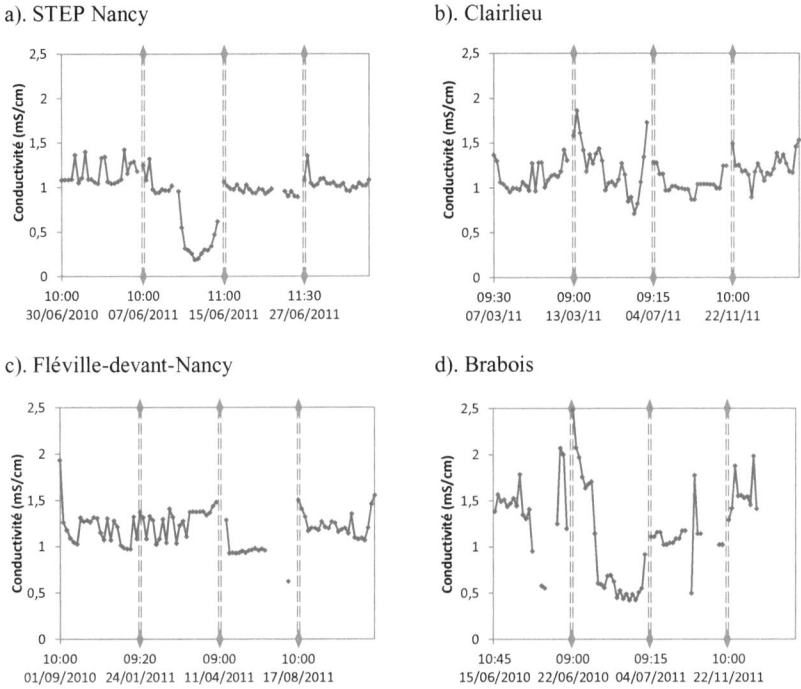

Figures 4.2 (a, b, c et d) : Variations au cours du temps de la conductivité des eaux usées de STEP Nancy (a), Clairlieu (b), Fléville-devant-Nancy (c) et Brabois (d)

A Nancy, la conductivité varie entre 0,8 et 1,3 mS/cm : la journée du 7 juin est particulière car il avait plu un jour avant le jour de prélèvement. Une vidange de bassins d'orage s'est produite durant la nuit, ce qui a conduit à une forte diminution de la conductivité et à une plus faible diminution du pH. La diminution de conductivité (ainsi que d'autres paramètres comme nous le verrons ultérieurement) à Brabois le 22 juin 2010 n'a pas pu être expliquée : il n'y a en effet aucun bassin d'orage en amont et il n'y a pas eu non plus ni de vidange de cuve au niveau de l'hôpital (lequel, contacté a d'ailleurs indiqué n'avoir fait aucune vidange ce jour-là) ni de curage de réseau. Il faut d'ailleurs noter que les opérations de curage de réseau ne peuvent avoir lieu que le matin, lorsque le débit d'eau résiduaire est minimal, afin d'assurer la sécurité des agents.

L'évolution est quasi stable pour le site résidentiel (la médiane est 1,26 mS/cm) mais parait plus variable entre les trois sites qui contiennent des zones industrielles et hospitalières (la médiane varie entre 1,01 à 1,20 mS/cm). Les effluents de temps sec sur les réseaux d'assainissement des cinq sites possèdent des pH et des conductivités comparables. Leurs valeurs médianes respectives varient de 7,44 à 7,76, de 1,01 à 1,26 mS/cm.

Ces valeurs de pH et de conductivité concordent avec celles mesurées sur d'autres sites comme Boudonville (LHRSP et Laurensot; 1998), en amont de la STEP de Colombes et en amont d'une STEP en Allemagne (Brombach et al, 2001) et paraissent constituer un invariant des eaux usées.

IV.1.2.3 La turbidité

Pour les paramètres turbidité, DCO, N-NH$_4$ et COD nous proposons de retenir la médiane comme indicateur global synthétique de la valeur de concentration dans les eaux résiduaires domestiques. Cependant, les concentrations de ces paramètres sont extrêmement variables et il convient de définir une plage de variation. Nous nous sommes basé sur l'intervalle sur les centiles 10 et 90 pour chaque paramètre. Les résultats sont présentés dans le Tableau 4.3.

Concentration (mg/l)	Brabois	Clairlieu	Fléville	STEP Nancy	STEP PAM
Turbidité (NTU)	19,9-277 (221)	175-493 (322)	45-232 (153)	51-225 (140)	143-340 (223)
DCO-filtré (mg O$_2$/L)	29-473 (267)	312-670 (474)	128-346 (238)	56-344 (192)	169-383 (287)
Azote ammoniacal (mg N-NH$_4$/L)	3-61,4 (48,5)	68-134 (87)	16-63 (37)	10-50 (30)	40-76 (58,7)
COD (mg C/L)	7-132 (81,8)	48-163 (116)	10-68 (28)	11-54 (30,7)	33-79 (58)
	1er décile-9ème décile, [médianes] sur l'ensemble de la campagne de mesure de temps sec.				

Tableau 4.3 : Turbidité et concentrations en matières organiques et azotées mesurées par temps sec aux réseaux d'assainissement de nos sites d'étude.

L'analyse de la turbidité est utilisée pour une meilleure compréhension de la pollution due aux matières en suspension au cours du temps. Contrairement au pH et à la conductivité la turbidité présente un cycle journalier marqué traduisant l'activité humaine. Les figures 4.3 (a) à (d) présentent les variations mesurées lors des différentes campagnes.

a) Brabois

b) Clairlieu

c) Fléville-devant-Nancy

d) STEP Nancy

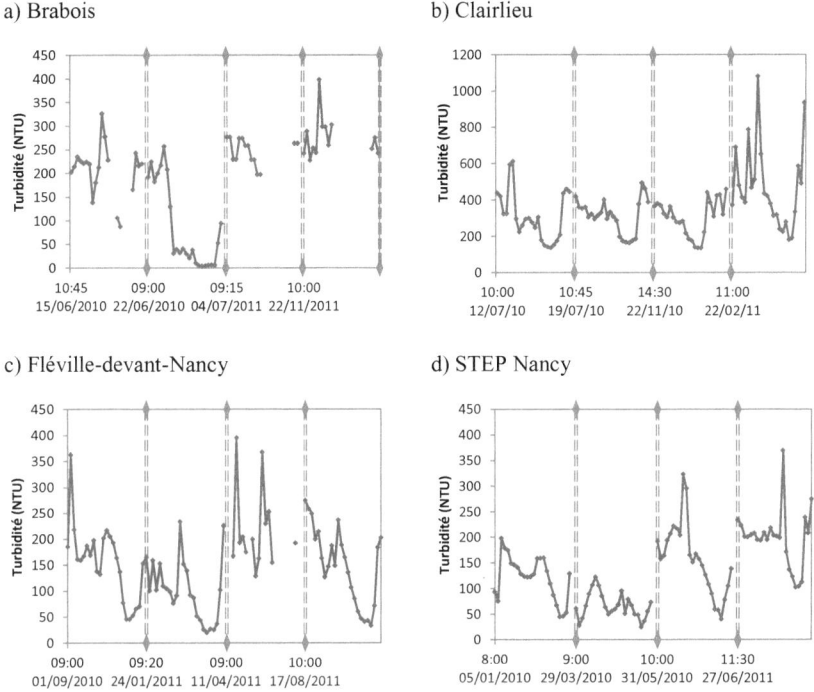

Figures 4.3 (a, b, c et d) : Variations au cours du temps de la turbidité des eaux usées à Brabois (a), Clairlieu (b), Fléville-devant-Nancy (c) et STEP Nancy (d)

La turbidité des eaux usées de Clairlieu est supérieure à celle des eaux usées de Fléville-devant-Nancy, de Brabois et de la STEP Nancy, parce que les échantillons sont prélevés dans un réseau séparatif.

A Brabois, on observe en général des augmentations de la turbidité à midi. Il est plus difficile de trouver une périodicité dans la courbe d'évolution de la turbidité de ce site, du fait de la difficulté de prélever des échantillons la nuit.

La turbidité à Clairlieu varie entre 150 et 800 NTU, excepté les journées de vacances où elles augmentent significativement (entre 200 et 800 NTU, le médian 322 NTU). La turbidité minimale est atteinte entre 4h00 et 6h00 tous les jours. Trois pics ponctuent la journée : 07h00 - 09h00, 12h00 - 14h00 et 19h00 - 21h00, ces pics correspondent aux heures des activités domestiques humaines (WC, toilette, douche, repas…). On peut également remarquer une augmentation de la turbidité le 22 février. Il y a eu de fortes précipitations ce jour-là ce qui est matérialisé sur le graphique par un pic de turbidité.

La turbidité des eaux usées de Nancy présente une variabilité particulière. Une diminution de turbidité a été observée le dimanche 28 mars. Une pluie survenue la veille peut être une explication. En été la turbidité augmente progressivement le 31 mai et le 27 juin et atteint un maximum vers 14h00-16h00. En considérant les temps de séjour dans le réseau d'assainissement, ce pic correspond à l'heure de prise de repas à midi.

La turbidité maximale des eaux usées de Fléville-devant-Nancy est atteinte vers 09h00 – 10h00 quel que soit le jour de la semaine. Pour les jours ouvrables, ce premier pic correspond à l'activité humaine du matin. Un second petit pic est visible vers 13h30 – 14h30, lié au repas de midi et enfin un troisième apparaît vers 19h30 – 21h30 : celui-ci, plus important que le précédent, qui s'explique par les activités à l'heure du retour au domicile. En effet une partie de la population quitte le village pour aller travailler ou être scolarisée (collégiens, lycéens) en dehors du bassin de collecte. Ces pics sont observés avec environ une heure d'avance sur la STEP de Nancy. Un minimum de pollution est observé pendant la nuit. Les profils des jours en été et du week-end sont différents et la turbidité est plus élevée. On observe des pics élevés de turbidité vers midi, et à 20h00 le 11 avril, pour lesquels des activités de rinçage en zone industrielle peuvent être une explication.

IV.1.2.4 La Demande Chimique en Oxygène

Les résultats (Tableau 4.3) sont en accord avec la littérature en ce qui concerne la valeur de concentration moyenne. La gamme de variations obtenue est plus large que celle relevée dans la littérature. Cela reflète la diversité des effluents, des systèmes de collecte et de leur réponse aux conditions météorologiques. La borne inférieure (1er décile) de la gamme de variation reflète la dilution possible des effluents par temps de pluie ou lors de drainage d'eaux claires parasites…, tandis que la borne supérieure (9ème décile) correspond à au moins une configuration identifiée: des réseaux séparatifs relativement étanches (Clairlieu). Les gammes de variation annoncées par divers auteurs s'inscrivent entre 167 mg O_2/l pour la valeur minimale correspondant à des effluents dilués (Bécares et al, 2009) et s'élèvent à 1342 mg O_2/l (SATESE 37, 2009) pour la valeur maximale.

La DCO des eaux usées de Clairlieu et Fléville-devant-Nancy est plus élevée que celle des eaux usées de Nancy (197 mg/l). En moyenne la DCO à Fléville-devant-Nancy est de 242 mg/l et de 503 mg/l à Clairlieu (réseau séparatif) (tableau 4.4).

Concentration DCO-filtrée (mg/l)		Brabois	Clairlieu	Fléville	STEP Nancy	STEP PAM
Gamme de variation	Borne inférieure	29	312	128	56	169
	Borne supérieure	473	670	346	345	383
Moyenne		307	503	242	197	282
borne inférieure = 1er décile ; borne supérieure = 9ème décile, sur l'ensemble de la campagne de mesure de temps sec.						

Tableau 4.4 : Moyenne, gamme de variation pour le paramètre DCO

Bien que les échantillons de la STEP Pont-à-Mousson aient été prélevés au poste de refoulement, après le dégrillage, la DCO moyenne reste élevée (282 mg/l).

a) Brabois   b) Clairlieu

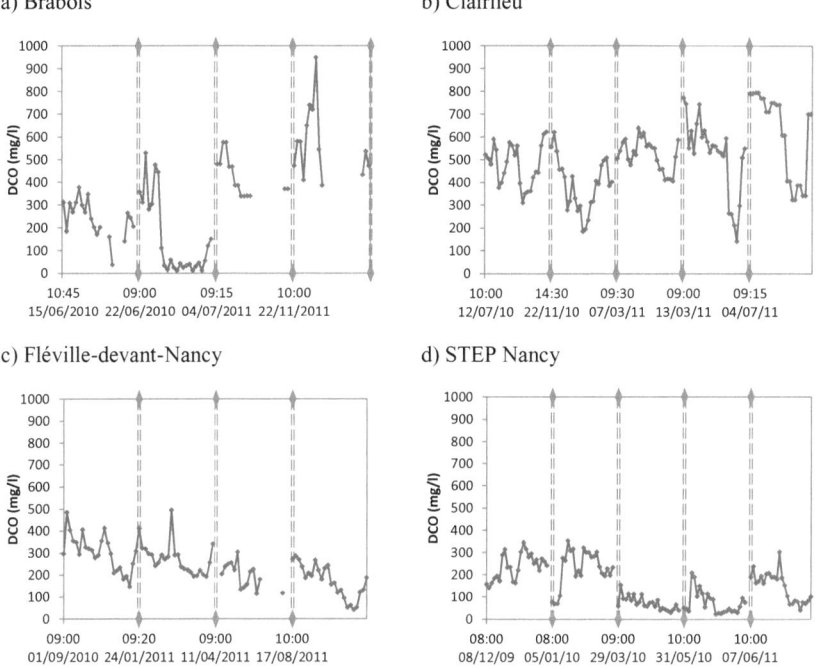

c) Fléville-devant-Nancy   d) STEP Nancy

Figures 4.4 (a, b, c et d) : Variations au cours du temps de la turbidité des eaux usées à Brabois (a), Clairlieu (b), Fléville-devant-Nancy (c) et STEP Nancy (d)

Les variations de la *DCO* sont semblables à celles de la turbidité. Le cycle journalier est souvent difficile à voir même si on observe en général un minimum durant la nuit.

IV.1.2.5 L'azote ammoniacal

Dans des eaux usées domestiques l'azote ammoniacal ($N\text{-}NH_4^+$) est issu essentiellement des eaux vannes. Les valeurs moyennes issues de cette étude sont cohérentes avec la définition des différents paramètres qui caractérisent la pollution azotée. La valeur moyenne de 95 mg/l la plus élevée a été trouvée sur le réseau séparatif de Clairlieu, et la moins élevée (29 mg/l) sur le réseau unitaire de la STEP Nancy. La gamme de variation y est plus faible que pour les sites périphériques (Clairlieu, STEP PAM), (figure 4.5). A titre comparatif, on estime en général qu'un effluent urbain concentré contient 50 mg/l d'azote ammoniacal (Henze et al, 2000).

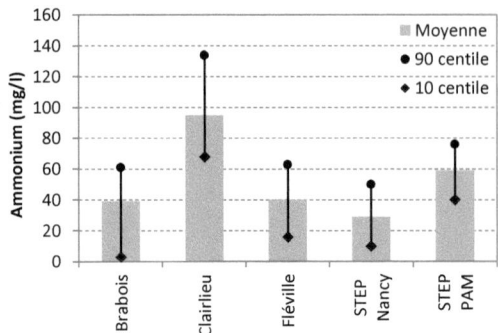

Figure 4.5 : La concentration moyenne en azote ammoniacal mesurée dans les effluents des sites.

La littérature montre aussi des valeurs variables pour ce paramètre : de 20 à 30 mg/L pour la valeur minimale à environ 80 à 100 mg/L pour les valeurs maximales. Notons cependant que les mesures effectuées sur des réseaux séparatifs montrent des valeurs moyennes supérieures à 100 mg/l : une valeur de 112 mg/l a été mesurée en moyenne par le SATESE 37 (2009). Ainsi, les valeurs moyennes et les gammes de variation identifiées dans cette étude sont cohérentes avec la littérature.

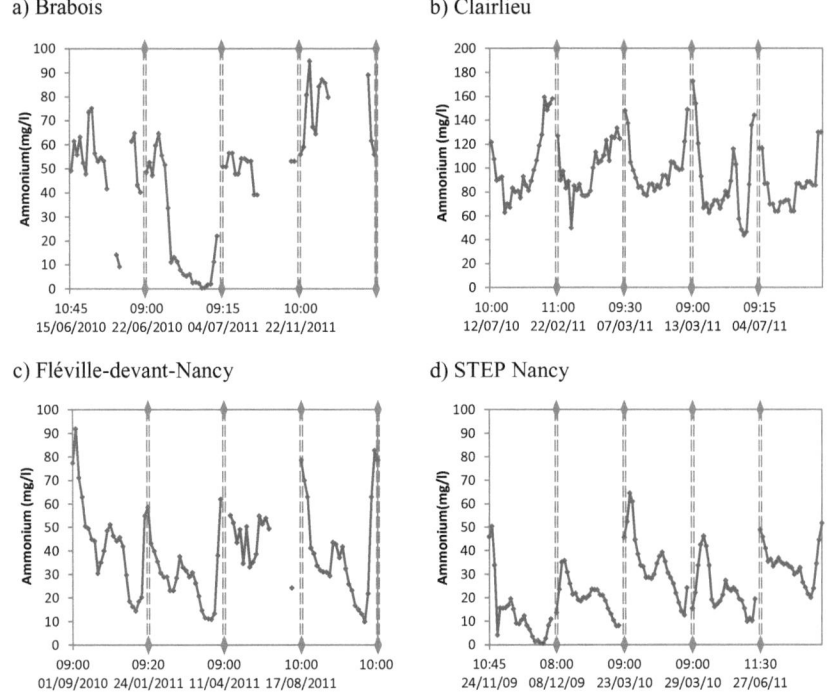

Figures 4.6 (a, b, c et d) : Variations au cours du temps de l'ammonium des eaux usées à Brabois (a), Clairlieu (b), Fléville-devant-Nancy (c) et STEP Nancy (d)

95

On a remarqué, quel que soit le site expérimental et le jour de la semaine, un cycle journalier bien marqué avec un fort pic en azote ammoniacal le matin (figures 4.6 (a) à (d)). La concentration en azote ammoniacal à Clairlieu est élevée avec des pics à 160 mg/l. La situation est plus confuse à Brabois. Comme d'autres paramètres de pollution étudiés précédemment, il est difficile d'y trouver une réelle périodicité dans l'évolution d'ammonium. Les pics sont apparus en fin de matinée.

A Fléville-devant-Nancy, les pics d'ammonium sont obtenus vers 8h30 - 10h00 les jours ouvrables. On observe également un second pic en début de soirée vers 20h00-21h00. Les concentrations minimales sont observées dans la nuit entre 2h00 et 5h00. Un schéma assez semblable est observé pour la STEP Nancy, avec des horaires un peu décalés (11h00 - 13h00, 22h00-23h00) (figure 4.6). Un minimum de pollution est observé très tôt le matin vers 5h00-7h00 selon le jour de la semaine (on n'a pas observé une nette différence entre les jours ouvrables et le week-end). Ces variations reproduisent très bien le cycle domestique, avec des pics apparus aux pics d'activité si l'on tient compte des temps de transfert dans les réseaux d'assainissement.

A Clairlieu, les maxima sont obtenus vers 8h00-9h00 les jours ouvrables, avec une heure plus tôt à Fléville-devant-Nancy et un peu plus tardivement les jours de vacances d'hiver (les 7 mars et 13 mars). La concentration diminue jusqu'à 16h00-17h00 pour se stabiliser à 21h00 et augmenter toute la nuit jusqu'au maxima à 8h00 du matin (sauf le dimanche 13 mars où il apparaît), puis un deuxième pic plus petit à minuit, puis elle diminue dans la nuit et le minima est observé entre 2h00 et 5h00.

IV.1.2.6 Variabilité des métaux lourds

Les métaux sont essentiellement fixés sur les particules en suspension. Les concentrations moyennes en métaux lourds (Cu, Fe, Pb et Zn) mesurées dans les effluents des sites sont représentées sur la figure 4.7

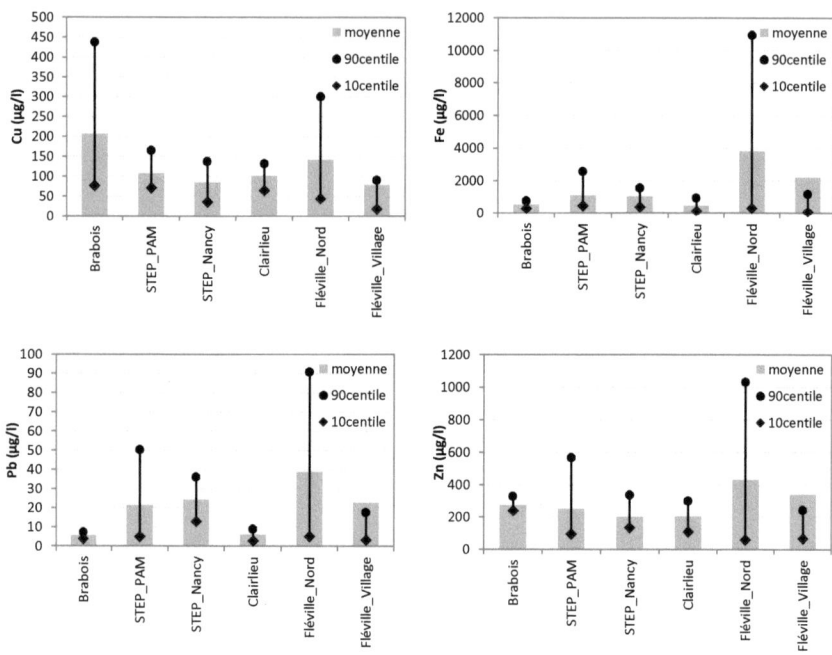

Figure 4.7 : Concentrations moyennes en métaux lourds mesurées dans les effluents des sites

Les concentrations en métaux sont variables d'un site de mesure à un autre. Les valeurs médianes du cuivre varient de 70 à 200 μg/l suivant le site de mesure, alors que celles du fer et du plomb oscillent respectivement entre 488 à 3820 μg/l et 5,6 à 39 μg/l. On a remarqué qu'au poste de refoulement Fléville-Nord qui collecte les zones Fléville-village, Ludres et la zone d'industrielle de Fléville-Ludres, les concentrations des métaux lourds sont les plus élevées et les plus fluctuantes, ce qui peut s'expliquer par les différentes activités industrielles sur ce site.

Le site de Brabois se distingue par de fortes concentrations en Cu et Zn. Celui de Fléville-village présente des concentrations en Zn et en Fe nettement supérieures à celles mesurées sur les autres sites. Il présente aussi pour certaines journées de temps sec de fortes concentrations en Pb. De même, deux sites de STEP Pont-à-Mousson et de STEP Nancy se démarquent par les concentrations en Pb et Fe. En revanche, la concentration en Fe et en Pb est moins marquée sur les sites de Brabois et Clairlieu.

On a également trouvé d'autres éléments sur les sites étudiés (figure 4.8). La figure 4.8 représente les variations des métaux sur 24 heures sur les sites étudiés.

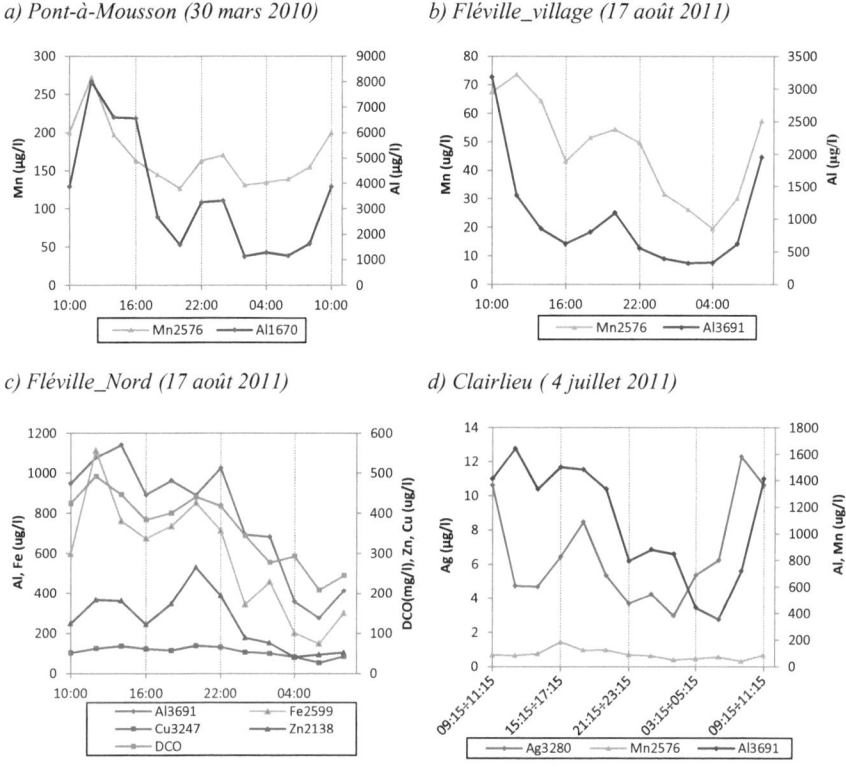

a) Pont-à-Mousson (30 mars 2010)

b) Fléville_village (17 août 2011)

c) Fléville_Nord (17 août 2011)

d) Clairlieu (4 juillet 2011)

Figure 4.8 : Variations des concentrations des échantillons bruts en métaux lourds pour les sites étudiés.

L'aluminium et le manganèse ont été dosés en forte concentration à Pont-à-Mousson le 30 mars et à Fléville-village le 17 août. On peut voir une très forte augmentation de ces deux métaux le matin entre 09h00 et 11h00 ainsi que le soir vers 22h00. Excepté l'aluminium, le zinc, le cuivre, le manganèse et le fer, les concentrations en métaux sont faibles (moins de 0,02 mg/l). A Clairlieu, en particulier, l'argent a été trouvé aux concentrations les plus élevées, sans doute parce que le réseau est séparatif. La concentration en manganèse, quant à elle, reste stable au cours du temps. Les concentrations en aluminium sont légèrement inférieures à Fléville-village qu'à Clairlieu. En revanche, celles en manganèse, en plomb et en zinc sont près de deux fois supérieures à Clairlieu.

On remarque aussi sur la figure 4.8 (c) que le zinc, l'aluminium et le cuivre suivent globalement l'évolution de la DCO au cours de la journée sur le site de Fléville-Nord.

De grandes fluctuations d'un jour à un autre ont été remarquées sur la majorité des sites. On note ainsi de très fortes variations en Cu, Pb et Zn respectivement sur les sites des Fléville-Nord et de Pont-à-Mousson (l'écart maximal entre les 10 centiles et les 90 centiles est de 90 % pour le Fe et de 82% pour le Pb).

Les concentrations moyennes en métaux lourds mesurées à la STEP de Nancy et à la STEP Pont-à-Mousson sont semblables à celles trouvées à Bursa, Turquie, (Ustun, 2009). Celles en Pb et en Zn mesurées sur le site Fléville-Nord sont cependant largement supérieures (environ d'un facteur 2) aux concentrations mesurées à STEP d'Oujda au Maroc (Rassam, 2012).

Les concentrations en métaux mesurées en Pb, en Fe et en Zn à Clairlieu sont inférieures aux concentrations mesurées sur l'ensemble des sites de mesure. Ceci peut être dû à une présence moindre d'activités industrielles rejetant les métaux lourds.

IV.1.2.7 Les matières en suspension totale

Les matières en suspension totale ont été mesurées sur les eaux usées de Clairlieu au poste de refoulement. Compte tenu des très fortes valeurs, il n'était pas possible d'utiliser la turbidité. Les campagnes se sont déroulées un jour de vacances d'hiver, un jour d'été et un jour d'hiver. Une très forte variabilité d'un jour à l'autre a été remarquée sur ce site. La concentration est plus élevée pendant les vacances (7 mars) et le dimanche (4 juillet) que les autres jours. En revanche, elle a diminué lorsqu'il a plu un peu les jours précédents (mardi 22 novembre 2011). De même, des valeurs inférieures ont été trouvées le 13 mars bien que ce soit un dimanche même de vacances, ce qui peut être imputable à des eaux claires. Les figures 4.9 présentent la concentration mesurée.

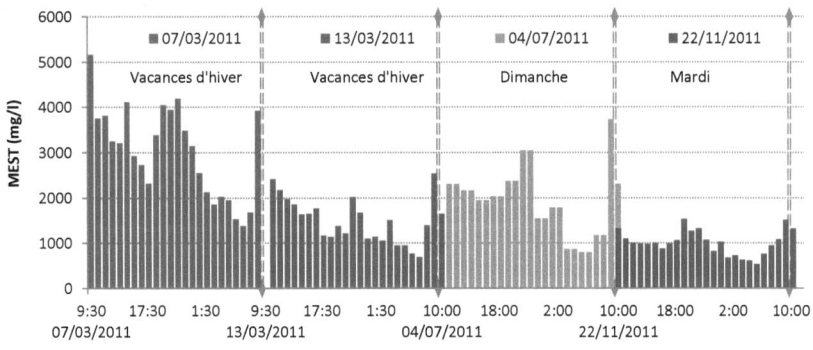

Figure 4.9 : Variations au cours du temps de matières en suspension dans les eaux usées de Clairlieu

Les MEST des eaux usées de Clairlieu varient entre 550 et 5200 mg/l avec une moyenne de 1850 mg/l. On observe deux pics élevés de MEST vers 8h00 - 9h00 et vers 21h00-22h00. Le minima est observé pendant la nuit entre 4h00-5h00. Ils sont en retard d'une heure pendant les jours de vacances. Ces variations reproduisent très bien le cycle humain.

IV.1.2.8 Variabilité de la concentration en cations majeurs

Les cations majeurs qui seront discutés dans la suite sont le calcium, le potassium et le sodium.

a). Le calcium

La figure 4.10 présente la variation de concentration en calcium mesurée dans les eaux usées des différents sites étudiés.

a) Brabois

b) Clairlieu

c) Fléville-village

d) STEP Nancy

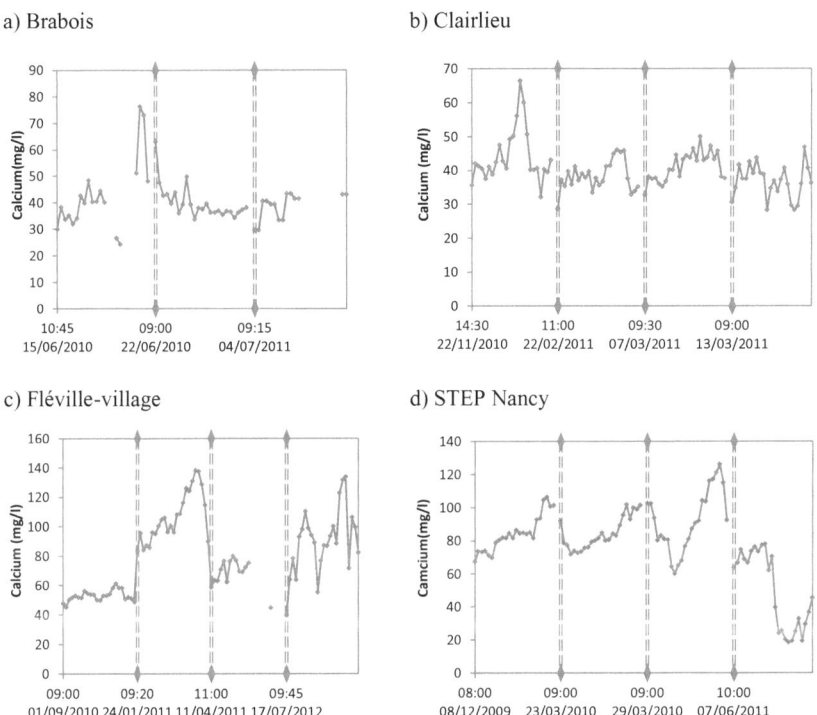

Figures 4.10 (a, b, c et d) : Variations au cours du temps de la concentration en calcium dans les eaux usées de Brabois (a), Clairlieu (b), Fléville-village (c) et STEP de Nancy (d)

Le calcium présente un profil particulier par rapport aux paramètres précédemment étudiés : sa concentration augmente la nuit et son évolution suit l'activité domestique humaine en opposition de phase. Ce phénomène est particulièrement visible à Nancy et Fléville-devant-Nancy. La concentration en calcium est minimale l'après-midi vers 13h00 et 15h00 et augmente continuellement toute la nuit pour atteindre son maximum vers 4h00-7h00. Ce phénomène est moins visible à Brabois. La concentration semble se stabiliser autour de 80 mg/l et des pics de calcium apparaissent vers 4h00 - 5h00 à Fléville-devant-Nancy et vers 3h00 - 4h00 à Clairlieu. L'effet de dilution par la pluie sur la concentration en calcium à Nancy est nettement visible (mardi 7 juin).

Le tableau 4.5 présente les concentrations moyennes en calcium mesurées dans les eaux usées des différents sites étudiés. Les concentrations moyennes sont plus élevées à Fléville-devant-Nancy (81 mg/l) et à la STEP de Nancy (75 mg/l) que dans les eaux usées des autres sites (40 à 46 mg/l). Il n'est pas facile de trouver une explication à ce phénomène. Une hypothèse est une relation avec la nature des canalisations transportant les eaux résiduaires (béton, fonte recouverte de béton) dont la corrosion induite soit par l'agressivité des eaux résiduaires soit par des bactéries sulfato-réductrices pourrait conduire à un relargage de calcium. En effet, le béton et le ciment se composent principalement de silicate et d'aluminate de calcium mélangés à une certaine quantité de chaux libre (Krenkler, 1980).

Sites	Moyen	Médian	10 centiles	90 centiles
Brabois	40	39	33	48
Clairlieu	46	43	35	62
Fléville devant Nancy	81	78	51	120
STEP Nancy	76	79	35	102

Tableau 4.5 : Concentration en calcium mesurée dans les eaux usées des différents sites étudiés

Selon la minéralisation, le pH et la température, des eaux agressives (telles que les eaux usées) peuvent attaquer certains éléments constitutifs du mortier de ciment comportant du calcium. Les eaux usées contenant des carbonates possèdent un pouvoir solvant. Lorsqu'elles entrent en contact avec le béton, le gaz carbonique réagit avec l'hydroxyde de calcium pour former un calcaire presque insoluble :

$$H_2CO_3 + Ca(OH)_2 \leftrightarrow CaCO_3 + 2H_2O$$

Au cours d'une phase ultérieure, le gaz carbonique transforme le calcaire en bicarbonate de calcium. Ce produit de réaction est très soluble dans l'eau (165 g/l) et est facilement lessivé.

$$H_2CO_3 + CaCO_3 \leftrightarrow Ca(HCO_3)_2$$

On peut également supposer que le calcaire se dissout par modification de l'équilibre calco-carbonique pour expliquer l'origine des augmentations de sa concentration. Les carbonates réagissent avec les ions H^+ ce qui augmente le pH, tandis que les ions calcium sont libérés dans les canalisations. Une hypothèse synthétisant les autres serait que les flux de calcium dans le réseau d'assainissement sont constants (par corrosion du béton), mais que sa concentration est influencée par le débit. La nuit, les quantités d'eaux usées rejetées dans le réseau d'égout diminuent ce qui concentre le calcium, et inversement durant le jour.

Compte tenu de la géographie de l'agglomération avec de fortes pentes, la corrosion par des bactéries sulfato-réductrices n'est sans doute pas le phénomène le plus important. Une autre hypothèse serait liée à l'étanchéité du réseau d'assainissement, avec des infiltrations d'eau de nappe, le déversement d'anciens ruisseaux périurbains complètement canalisés, des eaux d'exhaure d'anciennes mines provenant du plateau calcaire de la Forêt de Haye.

b) Le potassium

Quel que soit le site étudié, les variations de la concentration en potassium ont montré un cycle journalier bien reproductible correspondant à l'activité domestique humaine.

La concentration moyenne en potassium est légèrement plus élevée à Clairlieu (25 mg/l) que dans les eaux usées des autres villes (tableau 4.6).

	Moyen	Médian	10 centiles	90 centiles
Brabois	19,953	23,317	2,988	32,577
Clairlieu	25,288	25,083	19,778	31,016
Fléville devant Nancy	20,996	19,287	13,886	28,325
STEP Nancy	13,170	13,616	7,285	18,025

Tableau 4.6 : Concentration en potassium mesurée dans les eaux usées des différents sites étudiés

A Nancy, apparaît la plus faible concentration moyenne avec 13 mg/l. On observe des plateaux durant les jours ouvrables vers 9h00- 14h00. De même que pour la concentration en calcium il y a eu une diminution brusque de calcium à Nancy dans la nuit du 07 juin 2011 due à la pluie.

a) Brabois   b) Clairlieu

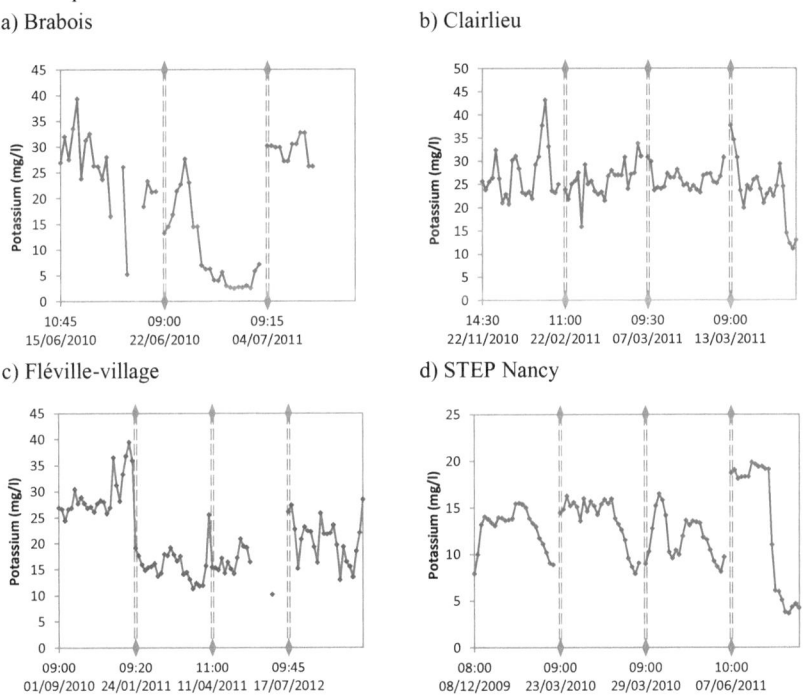

c) Fléville-village   d) STEP Nancy

Figures 4.11 (a, b, c et d) : Variations au cours du temps de la concentration en potassium dans les eaux usées de Brabois (a), Clairlieu (b), Fléville-village (c) et STEP de Nancy (d)

102

On peut constater que le profil de la variation de la concentration est différent entre les sites étudiés : on observe de très fortes augmentations de la concentration en potassium à Clairlieu (22 novembre 2011) et à Fléville-devant-Nancy (1er septembre 2010). Il y a aussi une diminution de la concentration à Brabois (22 juin 2010) : ce pic coïncide avec une diminution des autres paramètres. A Clairlieu, cette brusque augmentation s'est accompagnée d'une forte augmentation en calcium. En outre, la théorie a montré que la concentration en potassium dans les eaux usées dépend de celle de l'eau potable et des rejets du métabolisme humain.

c) Le sodium

Les variations de la concentration en sodium ne présentent pas de périodicité particulière quel que soit le site étudié (figures 4.12).

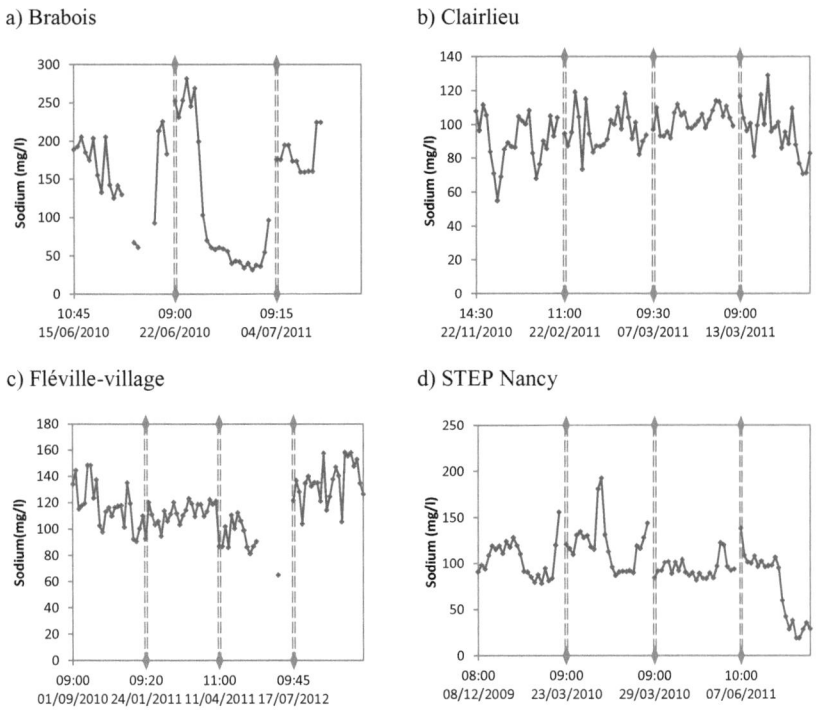

Figures 4.12 (a, b, c et d) : Variations au cours du temps de la concentration en sodium dans les eaux usées de Brabois (a), Clairlieu (b), Fléville-village (c) et STEP de Nancy (d)

	Moyen	Médian	10centile	90centile
Brabois	143	159	41	228
Clairlieu	101	101	83	119
Fléville devant Nancy	117	116	91	146
STEP Nancy	103	103	47	141

Tableau 4.7 : Concentration en sodium mesurée dans les eaux usées des différents sites étudiés

Il semble que la concentration moyenne en sodium dans les eaux usées à Brabois (142 mg/l) soit supérieure à celle des autres sites (environ 100 mg/l) et que la variation de la concentration en sodium soit également la plus large (entre 41 et 227 (mg/l)). La concentration à Clairlieu, à Fléville-devant-Nancy et à la STEP de Nancy varie autour de 100 mg/l. On n'a pas trouvé une évolution régulière de la concentration : elle n'a jamais lieu aux mêmes heures d'un jour à l'autre. Les pics observés ne coïncident pas avec des activités ponctuelles ou à des conditions climatiques (pluie, salage des chaussées). Exception faite de la forte augmentation de la concentration observée à Nancy en fin d'après-midi du mardi 23 mars 2010 (vers 18 heures) qui coïncide avec un pic des chlorures. Ces augmentations coïncident également avec une prévention de chutes de neige dans la nuit de ce jour-là. A cause des prévisions météorologiques, il se peut que le salage des chaussées soit à l'origine de ces brutales augmentations en sodium et chlorure. En effet, le sel de déneigement est un mélange de $NaCl$, de $CaSO_4$ et de $MgSO_4$. On a observé une forte baisse vers 19h00 le mardi (22 juin) à Brabois et vers 20h00 le lundi (22 novembre) à Clairlieu, ce qui coïncide avec une diminution brutale des autres paramètres. Il y a un effet de la pluie à ce moment-là. On a remarqué que dans tous les cas, la concentration en sodium est 4 à 5 fois supérieure à celle du potassium. Pour les deux sites périphériques (Clairlieu, Fléville-devant-Nancy), les variations de sodium sont identiques à celles du potassium.

d) Les anions

La concentration des anions dans les eaux usées est très variable. Le tableau 4.8 rapporte les concentrations mesurées et la gamme de variation lors des différentes campagnes de mesures sur les sites étudiés. On a remarqué que les concentrations moyennes en sulfate sont quasiment identiques pour les sites (environ 100 mg/l). La gamme de variations obtenue à Brabois est plus large que celle des autres sites. En particulier, la concentration des chlorures varie de 36 à 244 mg/l. Elle est la plus variable, ce qui est probablement dû au salage des chaussées aux jours prélevés, comme précisé précédemment. La concentration en phosphate ne présente pas de variabilité particulière.

		Moyens	Médian	10 centiles	90 centiles
Chlorure	Brabois	140	139	36	244
	Clairlieu	94	96	76	109
	Fléville-devant-Nancy	144	141	114	179
	STEP Nancy	129	132	60	180
Phosphate	Brabois	26	19	3.6	57
	Clairlieu	47	36	19	87
	Fléville-devant-Nancy	11	7,1	3,6	24
	STEP Nancy	6.2	5,	1,9	11
Sulfate	Brabois	91	94	73	111
	Clairlieu	100	101	75	122
	Fléville-devant-Nancy	102	102	89	115
	STEP Nancy	102	106	62	130

Tableau 4.8 : Concentrations en chlorure, phosphate et sulfate mesurées lors des différentes campagnes

IV.2. La variabilité des eaux usées en fonction des différents aspects géographiques et socioculturels.

Les résultats de la comparaison entre les sites mettent en évidence la variabilité inter-station. Cette variabilité diffère selon le paramètre étudié. Certains paramètres sont influencés par le rythme domestique humain ou le reproduisent (débit, pH, turbidité, DCO, azote ammoniacal, calcium, potassium, certains métaux lourds, etc.). D'autres, au contraire, ne présentent pas de variabilité particulière apparente ou dépendent de facteurs non liés à l'activité humaine (conductivité, sodium, magnésium, chlorures, sulfates, etc.).

IV.2.1. Variabilité des volumes d'eaux usées

D'après les données disponibles sur le site Brabois, le suivi des débits moyens journaliers pendant trois jours en juin 2010 et trois jours en juillet 2011 (figure 4. 13) fait apparaître d'importantes fluctuations. Ces fluctuations sont liées en même temps à des variations du débit de base nocturne et à des variations de production d'eau usée. A Brabois, le débit fluctue entre un minimal nocturne (10 centiles) de 37 m^3/h et un maximal (90 centiles) de 140 m^3/h. Ces débits nocturnes sont constitués majoritairement d'eaux claires provenant des réservoirs de chasse, des fuites des réseaux d'alimentation en eau, des infiltrations et d'éventuels rejets de pompages en nappe. Ils représentent environ 30% du débit moyen journalier et conduisent à une dilution plus ou moins forte des concentrations mesurées à l'exutoire du site étudié. Il n'a pas été trouvé d'explication au pic d'eaux usées le 17 juin 2010. La baisse de débit à Brabois est probablement due aux activités professionnelles (secteur hospitaliser) qui sont plus réduites le week-end. Les débits journaliers varient beaucoup plus durant les jours de semaine, en comparaison avec ceux mesurés les week-ends.

L'évolution de la production d'eaux usées au cours de l'année peut être analysée en soustrayant au débit moyen journalier le débit minimal nocturne.

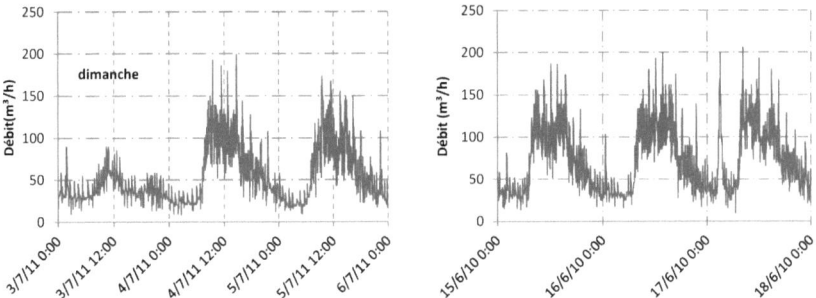

Figure 4.13 : Evolution de débit journalier de deux campagnes de mesure juin 2010 et juillet 2011 sur le site de Brabois (dimanche 3 juillet).

Sur le site de Fléville-devant-Nancy, les débits mesurés entre les jours de semaine et le dimanche sont comparables, traduisant que la population globale reste constante.

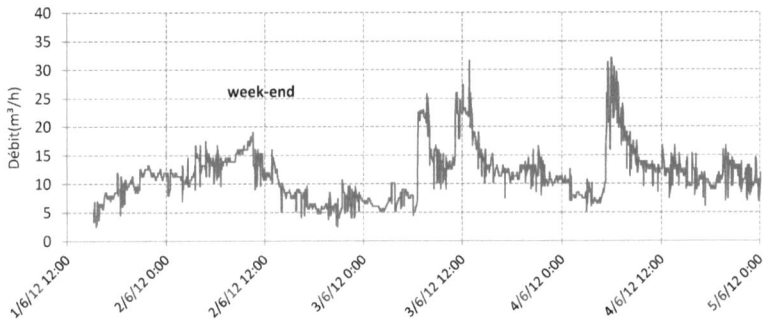

Figure 4.14 : Le volume des eaux usées mesurées à Fléville-devant-Nancy (week-end des 2 et 3 juin 2012)

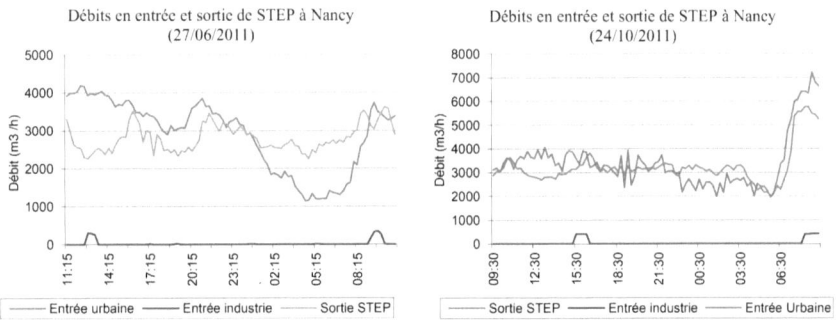

Figure 4.15 : Evolution de débit journalier de deux campagnes de mesure à la STEP Nancy

106

A la STEP de Nancy, on observe une évolution des volumes d'eaux usées durant deux campagnes de mesure qui se sont déroulées en deux périodes différentes. Le volume est attribuable aux différents types d'eaux usées (domestique et industrielle). La contribution de l'eau purement industrielle, c'est-à-dire celle provenant des brasseries, est très faible. La campagne du 24 octobre 2011 a révélé une augmentation brusque, due à des apports d'eaux pluviales.

On observe une légère baisse de la consommation d'eau potable (que l'on retrouve *in fine* dans les eaux résiduaires domestiques en grande partie) entre 2010 et 2011. La consommation est un peu moindre au moins d'août que le reste de l'année. Par contre en termes de traitement d'eaux résiduaires le volume est à peu près constant toute l'année à part pour les mois de décembre et janvier 2011, pour lesquels la pluviométrie avait été très forte. La Figure 4.18 traduit cette pluviométrie à l'aide du débit de la Meurthe à Laneuveville-devant-Nancy. Comme le réseau est en grande partie unitaire, il y a un gros apport d'eaux pluviales en cas de fortes pluies.

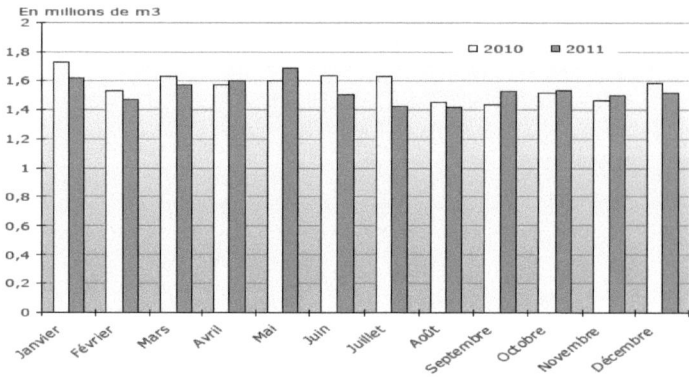

Figure 4.16 : Evolution de la consommation d'eau potable dans l'agglomération Grand Nancy en 2011 (Rapport annuel de Grand Nancy, 2011)

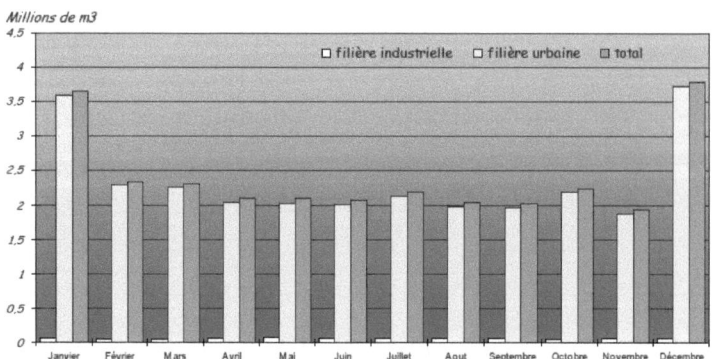

Figure 4.17 : Volume des eaux usées domestiques et industrielle à la STEP de Grand Nancy (Rapport annuel de Grand Nancy, 2011).

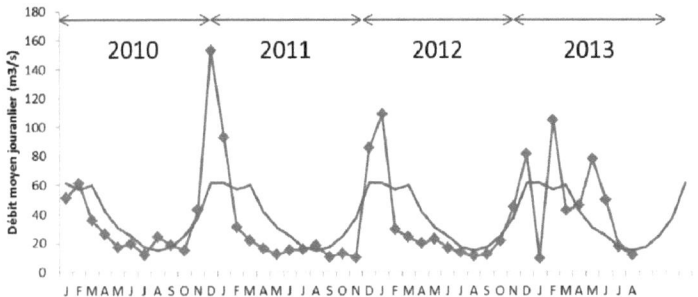

Figure 4.18 : Débit de la Meurthe à Laneuveville-devant-Nancy. En bleu débit réel, en rouge débit moyen calculé sur 28 ans

IV.2.2. Variabilité des caractères des eaux usées en fonction de la journée et du jour de la semaine

Les concentrations moyennes journalières de MEST, DCO, NH$_4$, COT diffèrent assez peu en fonction du jour de la semaine et en fonction de la campagne de mesure considérée. Néanmoins, il faut noter qu'on ne dispose des données sur le dimanche qu'à Clairlieu (13 mars 2011) et à la STEP de Nancy (28 mars 2010) pour faire la comparaison (Figure 4.18). Sur une grande agglomération comme Nancy, les concentrations diminuent le week-end (figure 4.18, b). Ceci peut s'expliquer par un ralentissement de l'activité industrielle et commerciale entraînant une diminution des rejets industriels et tertiaires et une moindre migration pendulaire. En effet une analyse de la mobilité domicile-travail révèle que 20 000 personnes environ quittent la Communauté Urbaine pour travailler alors que 100 000 viennent y travailler.

La situation est inversée pour la zone résidentielle de Clairlieu où, au contraire, les concentrations augmentent le week-end (figure 4.19, a). Elle est visible sur la figure 4.4 (b) et 4.6 (b) section IV.1.3.4 qui représente les variations de Demande Chimique en Oxygène et d'Ammonium au cours du temps. Le quartier subit une forte migration pendulaire car beaucoup d'habitants quittent leur domicile chaque jour ouvrable pour rejoindre leur lieu de travail ou de scolarisation.

a) Clairlieu   b) STEP Nancy

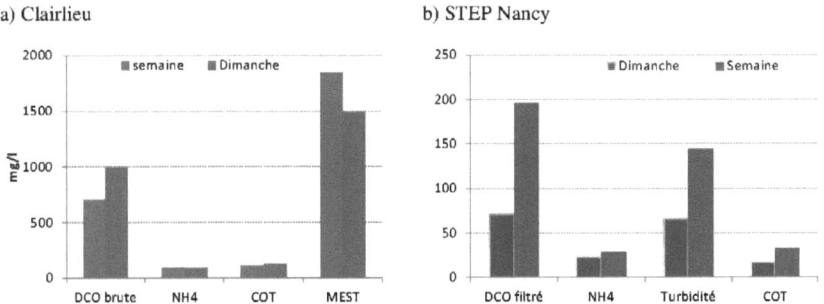

Figure 4.19 (a, b) : Comparaison des concentrations polluantes moyennes les jours de semaine et le dimanche à Clairlieu (a), et à STEP Nancy (b).

Dans tous les cas, les concentrations moyennes fluctuent de la même manière, d'un jour à l'autre, reproduisant l'activité humaine. On peut également observer un décalage dans le temps de l'arrivée de la pollution à la station d'épuration entre les jours ouvrables et le week-end. La figure 4.6 (b), représente les variations de la concentration en azote ammoniacal au cours du temps pour le quartier de Clairlieu. L'ammonium est un bon traceur des eaux usées domestiques puisqu'il provient principalement des eaux vannes. On remarque donc qu'en semaine, le pic du matin est atteint entre 8 et 9 heures alors qu'il n'est enregistré qu'entre 9 et 10 heures le week-end.

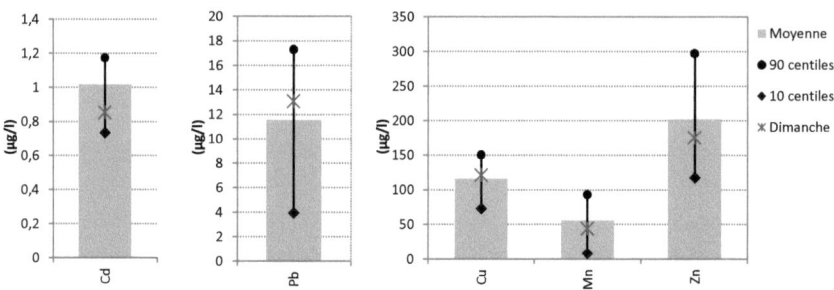

Figure 4.20 : Variabilité des concentrations métalliques journalières d'une journée à l'autre à Clairlieu

Comme on peut le constater sur la figure 4.20, les concentrations moyennes journalières de plomb et de manganèse par temps sec varient fortement d'une journée à l'autre. Pour ces deux métaux, la variation d'un jour à un autre en semaine est supérieure à la différence entre jours de semaine et dimanche. Cette grande variabilité s'explique sans doute en partie par les incertitudes de mesure qui, compte tenu des incertitudes de prélèvement et d'analyse, s'élèvent pour la gamme de concentrations rencontrée à ± 52% pour le manganèse et ± 42% pour le plomb.

Dans le cas du cadmium et du zinc, les concentrations moyennes mesurées le dimanche durant la campagne du 13 mars 2011 sont inférieures à celles mesurées en semaine, quel que soit le jour de la semaine considéré. Par ailleurs, le cuivre et d'autres éléments ne paraissent pas se différencier entre jours de semaine et dimanche. Ce résultat ne s'explique qu'en partie par l'erreur de mesure et est peut être imputable à des déversements ponctuels (l'usure des éléments mécaniques du véhicule, le ruissellement des eaux de pluie sur les toitures…).

IV.2.3. Variabilité des caractères des eaux usées en fonction de la saison

Deux phénomènes principaux sont à l'origine de la variabilité saisonnière : les conditions climatiques et les périodes de congés.

En s'appuyant sur ces résultats obtenus à Nancy, on a remarqué qu'en général les concentrations moyennes journalières les plus élevées ont été mesurées en 2011 par rapport à ceux des années 2009 et 2010 (voir figure 4.21 et 4.22). Ces campagnes de mesure peuvent être considérées comme la référence correspondant à une activité normale sur le site Grand

Nancy. Les départs en congés se traduisent par des flux polluants plus faibles pour les campagnes du 5 janvier, du 27 juin et du 24 octobre en 2010. Notons de plus que la baisse des flux d'ammonium a également été constatée le dimanche 28 mars 2010.

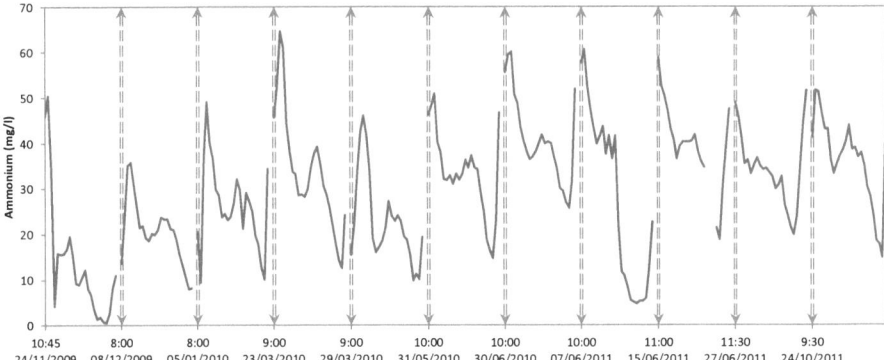

Figure 4.21 : Variations au cours du temps de l'ammonium à la STEP Nancy durant les jours de campagnes de prélèvement.

La figure 4.22 représente l'évolution de l'absorbance à 254 nm mesurée lors des différentes campagnes de mesures à Nancy. Selon l'époque de l'année, la pollution est plus ou moins concentrée. Les campagnes effectuées en 2009 et 2010, où le temps était humide, présentent une absorbance à 254 nm plus faible par effet de dilution. Quoique effectuées par temps sec mais les campagnes du prélèvement de 30 juin 2010 et de 24 octobre 2011 présentent également une pollution plus faible. La raison peut être liée aux vacances (été, Toussaint) où les étudiants quittent Nancy (les étudiants représentent plus de 30% des habitants de la ville). On n'a trouvé aucune étude dans la littérature montrant qu'un utilisateur d'eau en période de faible débit génère moins de pollution que lors de périodes de débit élevé. L'évolution de la concentration ne devrait donc pas être différente en période de faible ou de fort débit puisque seul change le nombre d'utilisateurs. Cette différence de concentration doit en partie être due à la présence d'un débit important d'eaux claires parasites et/ou industrielles moins chargées dans le réseau. Les eaux claires parasites peuvent provenir soit de captages de sources, de ruisseaux, de drainage de terrains, soit d'infiltrations dans des collecteurs non étanches situés dans une nappe ou longeant un ruisseau. Ces eaux parasites, dont le débit est certainement indépendant des périodes de congé (contrairement au débit directement lié à l'activité humaine), ont donc tendance à diluer la pollution. C'est la raison pour laquelle l'absorbance à 254 nm diminue pendant les vacances scolaires.

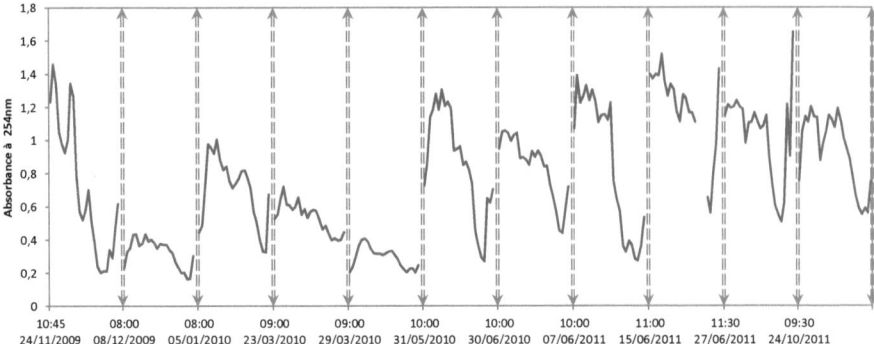

Figure 4.22 : Variations au cours du temps de l'absorbance à 254nm des eaux usées à la STEP Nancy aux jours des campagnes des prélèvements.

A l'inverse, durant une période sèche comme le 30 mai 2010 et le 15 juin 2011 mais avec une activité humaine normale, la pollution est plus concentrée.

Pendant des saisons humides, on peut supposer que la pluie entraîne une forte diminution de la charge des eaux usées pour le réseau d'assainissement unitaire, mais elle n'a pas seulement un effet instantané. Tout d'abord le rinçage du réseau d'égouts et le ruissellement des eaux de pluie sur les toitures provoquent une augmentation de la concentration de certains paramètres tels que les MES ou la DCO, et des composés métalliques. Ensuite, on assiste à une diminution de la concentration des polluants par effet de dilution. Le phénomène de dilution qu'elle entraîne peut durer plusieurs jours après la fin des précipitations. Le niveau élevé des nappes phréatiques après une pluie peut entraîner l'infiltration d'eaux claires dans les réseaux d'égouts, ce qui dilue la pollution. Les jours suivants, la pollution se concentre peu à peu au fur et à mesure que les nappes reviennent à leur niveau initial.

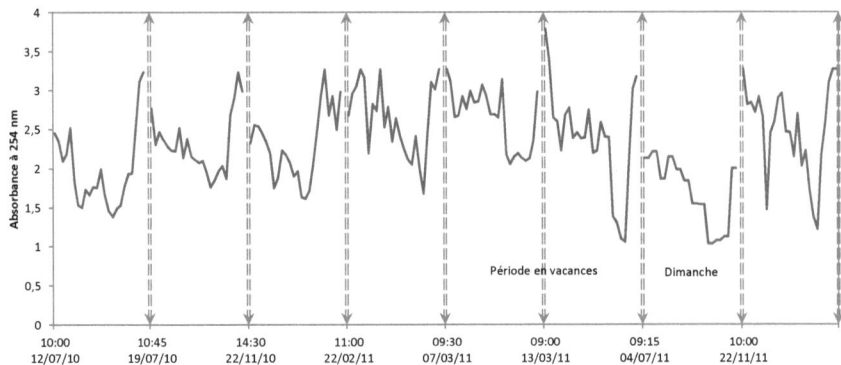

Figure 4.23 : Variations au cours du temps de l'absorbance à 254nm des eaux usées de Clairlieu aux jours des campagnes des prélèvements.

111

Les résultats obtenus dans la zone résidentielle de Clairlieu en période de vacances d'hiver (campagnes de mesure des 7 et 13 mars 2011) ont mis en évidence une augmentation des concentrations moyennes particulaires durant cette période (figure 4.9). Ces jours-là, le paramètre de turbidité a dû être remplacé par celui des MEST. Mais on observe des flux de matière organique dissoute restante semblables à ceux des autres campagnes de prélèvement (figure 4.23).

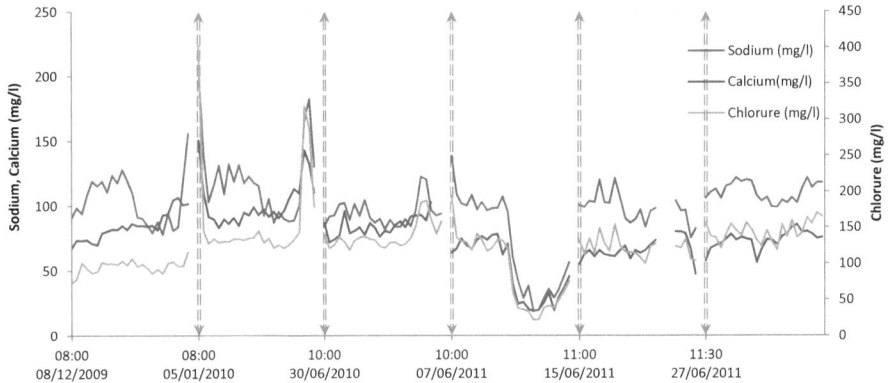

Figure 4.24 : Variations au cours du temps des ions à STEP Nancy aux jours des campagnes de prélèvement.

D'autres facteurs climatiques peuvent également modifier la concentration de certains éléments dans les eaux usées. On a pu le voir avec les concentrations en sodium et en chlorure dans les effluents de Grand Nancy qui augmentent brusquement lors du salage des chaussées durant l'hiver (campagnes du 8 décembre 2009 et du 5 janvier 2010, figure 4.24). L'évolution des concentrations en sodium et en chlorure mesurées en fonction des différentes campagnes effectuées à Grand Nancy est quasiment semblable alors que la concentration en calcium évolue dans la journée.

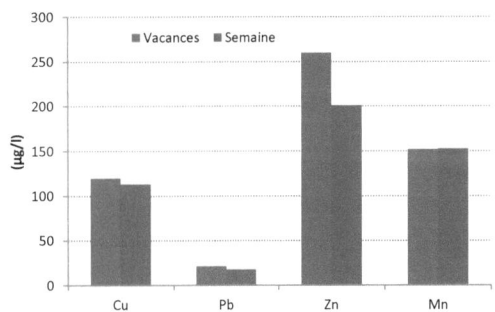

Figure 4.25 : Variations au cours du temps des métaux à STEP Nancy en périodes de vacances et les jours de la semaine

Les concentrations moyennes journalières des métaux lourds mesurés les jours de vacances sont comparables à ceux mesurés les autres jours de la semaine (figure 4.25). La différence entre les jours de vacances et la semaine est nettement plus marquée pour le Zn.

112

Cette faible augmentation constatée les jours de vacances peut être imputable à l'origine industrielle d'une partie des métaux. Ces résultats sont toutefois à interpréter avec précaution compte tenu du faible nombre de données pour les jours de vacances.

IV.2.4. Conclusions sur la variabilité des débits, de concentration et de flux

Globalement, les débits et les concentrations des eaux par temps sec sur les sites étudiés aux contextes géographiques et socio-économiques variés sont différents de ce qui a pu être mesuré à l'entrée des ouvrages de traitement (STEP de Nancy et Pont-à-Mousson). Les sites des STEP de Nancy et Pont-à-Mousson, comme de Fléville-devant-Nancy sont considérés comme représentatifs des réseaux unitaires drainant des eaux usées domestiques et professionnelles ainsi que des eaux pluviales. A côté de cela, un réseau séparatif a été également étudié à Clairlieu où se trouve une zone résidentielle.

Les concentrations moyennes journalières de matière en suspension et de matière organique des eaux de temps sec sont beaucoup plus élevées dans les zones plus résidentielles qu'à l'entrée des STEP. Cette différence est liée aux apports des différentes activités industrielles et artisanales dans le site mixte qui a tendance à diluer la pollution. Les variations nettement plus importantes d'un jour à l'autre et d'une campagne de mesure à l'autre pour les métaux et les ions s'expliquent en partie par les incertitudes de mesure beaucoup plus élevées pour ces paramètres.

Le nettoyage de la voirie et le ruissellement des eaux de pluie sur les toitures semblent à l'origine d'une fraction importante des masses de cadmium, plomb, zinc, cuivre et hydrocarbures véhiculés par les eaux de temps sec.

A l'échelle de la journée, la variabilité des eaux usées est en fonction de l'activité domestique humaine. En plus, les localités rurales sont caractérisées par des pics de pollution bien marqués qui correspondent aux heures de prise de repas. La variabilité journalière pour Nancy est moins marquée avec seulement deux pics.

La charge moyenne en pollution a tendance à augmenter le week-end dans les zones résidentielles alors qu'elle diminue dans une grande ville.

Une partie de la variabilité des eaux usées observée entre les périodes de vacances et d'activité à Nancy peut être liée à la forte présence d'étudiants. Les périodes de congés impliquent une diminution de la population et donc du flux de pollution.

La variabilité des eaux usées est également en fonction de la saison du fait de conditions météorologiques différentes. Selon son intensité, surtout en cas de réseau d'assainissement unitaire, la saison des pluies peut provoquer une forte augmentation du débit qui va entraîner un rinçage du réseau d'égouts (augmentation de la turbidité et des matières organiques par des phénomènes de sédimentation et d'érosion plus ou moins importants en fonction du débit), puis une dilution de la pollution. Le salage des chaussées durant l'hiver peut augmenter les concentrations en sodium et en chlorure dans les effluents.

CONCLUSION GENERALE

Les objectifs des travaux de cette thèse étaient de poser des bases permettant d'anticiper et de prédire de la variabilité de la composition et des débits d'eaux usées arrivant dans la station d'épuration. Pour cela nous avons analysé des caractéristiques socio-économiques (habitat, mode de vie) et géographiques (pluviométrie, température, etc…) de bassins de collecte d'eaux résiduaires pour lesquels des données expérimentales ont été acquises. Elles permettent comparer la variabilité du débit et de la composition des eaux usées de villes aux contextes socio-économiques et géographiques différents.

Ces différents suivis ont montré une certaine variabilité quel que soit le paramètre considéré. Cette variabilité s'opère à différentes échelles : journalière, hebdomadaire et saisonnière. Certains paramètres sont directement influencés par le rythme humain alors que d'autres sont influencés par des facteurs externes non liés à l'activité humaine. La taille des villes est un facteur fortement influent. La raison est liée d'une part à la longueur et/ou la déclivité du réseau d'assainissement et d'autre part à l'activité économique de la ville/localité qui entraîne des phénomènes de migration pendulaire. Il n'existe pas de variabilité commune à tous les sites ; à chaque ville correspond un type de variabilité. En revanche pour la plupart des paramètres suivis, les variations observées sont reproductibles d'un jour à l'autre (par temps sec) et suivent un cycle journalier.

Cette étude a également permis une meilleure connaissance de la dynamique de certains micropolluants tels que les minéraux et les métaux lourds. La plupart des études de caractérisation des eaux usées sont en effet faites sur des valeurs moyennes journalières voire mensuelles.

Les résultats obtenus dans le cadre de cette thèse fournissent un certain nombre d'enseignements permettant d'améliorer les pratiques actuelles de diagnostic et de gestion de la pollution des eaux urbaines dans les réseaux d'assainissement unitaires.

1.1. L'analyse socio-économique et géographique

L'objectif de l'étude consiste de mieux connaître le rapport entre le contexte de socio-économique des habitants et les caractéristiques des eaux usées. Cela intègre les aspects liés au cadre institutionnel, à l'aménagement du territoire, à l'urbanisme, à la qualité de vie en général des collectivités locales…

Les modifications démographiques peuvent entraîner des changements sur la dynamique des flux polluants, compte tenu des différences de type d'habitat, urbain ou rural de la densité de population, ainsi que des classes d'âges sur les sites. Dans le cas de Fléville-devant-Nancy, de Clairlieu et aussi que du Grand-Nancy, on a trouvé que le pourcentage des classes d'âge inférieur à 20 ans a diminué au profit des seniors (plus 60 ans) ces dernières années. A l'inverse à, Pont-à-Mousson, les classes des jeunes et d'actifs sont plus nombreuses que les classes de personnes âgées.

Une variabilité des concentrations moyennes polluants a été observée selon le rythme journalier mais aussi entre la semaine et le week-end sur tous les sites considérés, notamment sur trois sites ruraux (Fléville-devant-Nancy, Clairlieu, Pont-à-Mousson) où le déplacement domicile-travail pour les actifs lors du rythme journalier, des jours ouvrés et week-end a été mis en évidence. Il entraîne des concentrations en pollution qui augmentent le week-end.

Certaines catégories socioprofessionnelles peuvent être responsables de concentrations élevées de certains composants polluants. Nous avons par exemple des évolutions notables de certains polluants dans les eaux usées dans la zone hospitalière (Brabois) et dans la zone résidentielle (Clairlieu).

Sur les villes avec des densités de population élevées et des activités professionnelles variées, les concentrations en polluants ont tendance à être moyennées par la taille et la complexité du réseau d'égouts. En plus, l'influence des périodes de vacances est notable principalement en présence le taux d'étudiant (Grand-Nancy).

La répartition des secteurs d'activité, et en particulier d'activité industrielle et commerciale au site de Fléville Nord influence le débit et de la composition des eaux usées. La comparaison entre la zone de Fléville Nord et la zone résidentielle Fléville-village a mis en évidence cette différence. La partie industrielle du site pourrait expliquer la différence de la concentration des métaux lourds ainsi que de la présence des micropolluants ou les polluants émergents dans les effluents.

L'analyse de l'espace urbain nous a montré que l'occupation des sols sur les sites étudiés entraîne une variabilité des caractéristiques des eaux usées. D'une manière générale, des zones urbaines denses (Grand-Nancy) où des densités de population sont plus élevés que des sites ruraux (Fléville-devant-Nancy, Ludres) auront des comportements différents. En effet, le pourcentage de surface imperméabilisée d'urbain dense est supérieur à celui de communes rurales. De ce fait, la conservation globale de l'environnement rural et agricole se répercute aux communes périphériques. Le fort taux d'imperméabilisation des surfaces dans certaines zones augmente l'écoulement de surface, réduit les infiltrations et la recharge des nappes, et diminue le temps de concentration. Il influence le caractère du ruissellement et modifie les teneurs en polluants dans l'eau de surface.

1.2. La variabilité des débits, de concentration et de masses polluantes

Les débits et les concentrations des eaux de temps sec évoluent considérablement en fonction de l'échelle spatio-temporelle: à l'échelle d'une journée, de la semaine, de la saison et de l'année. Les résultats ainsi obtenus fournissent des éléments pour l'évaluation des bilans de masse. Ils permettent d'estimer la masse d'eaux usées supposée passée au cours du temps sur chaque site étudié.

Sur le site résidentiel Fléville village où reste 40% de population pendant les jours ouvrables, deux pics nets de flux polluants ont été trouvés vers 10h00 du matin et 22h00 du soir. Ils correspondent à l'activité domestique humaine (aux heures de prise de repas). La variabilité journalière observée à Fléville Nord (qui comprend deux communes Fléville-devant-Nancy et Ludres, incluant la partie industrielle et commerciale) est moins marquée avec deux pics écrasés. Cette zone accueille des actifs aux jours ouvrés venant des autres communes, qui représentent 140% de la population résidente dans la semaine. Les corrélations obtenues entre la quantité de matières organiques et les métaux lourds sont cohérentes pour tous les deux sites. La meilleure a été obtenue avec l'azote ammoniacal. On n'a pas trouvé pourtant de relation évidente entre les paramètres classiques et, les alcalins, alcalino-terreux. La variabilité journalière pour la grande ville est moins marquée que les localités rurales. Cette variabilité est probablement liée aux apports des activités professionnelles sur les différents sites et/ou de la tendance à moyenner la valeur des paramètres de pollution sur la grande ville.

Les concentrations en MES et en matières organiques sont très variables entre les différents sites de mesure. Les concentrations moyennes journalières varient entre 192 et 474 mg/l pour les DCO filtré, entre 28 et 116 mg/l pour la COT, entre 140 et 322 NTU pour la turbidité et entre 30 et 87 mg/l pour le $N-NH_4$, suivant le site de mesure.

Les débits et les concentrations des eaux usées sont les plus élevés dans un réseau d'assainissement séparatif (comme à Clairlieu) que dans un réseau unitaire (comme à STEP de Nancy).

Les concentrations moyennes journalières de matières en suspension et de matière organique des eaux de temps sec sont beaucoup plus importantes dans les localités rurales (Clairlieu, Fléville-village) que dans les grandes villes (Grand Nancy). Cette différence est liée aux apports des différentes activités industrielles et artisanales dans le site mixte qui a tendance à diluer la pollution.

La charge moyenne en pollution a tendance à augmenter le week-end dans une localité résidentielle (Clairlieu) alors qu'elle diminue dans une grande ville (Grand Nancy). La raison en est que les habitants restent dans leur lieu de résidence pour le week-end et quittent la commune chaque jour ouvrable pour travailler.

On a remarqué que la variabilité des eaux usées est forte durant les périodes de vacances à Grand Nancy où réside un taux élevé d'étudiants : lorsqu'ils quittent leur lieu de scolarisation, cela implique une diminution de la population et donc du flux de pollution. La variabilité des eaux usées est également fonction de la saison, c'est-à-dire des conditions météorologiques, mais aussi du nettoyage de voirie, du rinçage du réseau d'égouts et du salage des chaussées durant l'hiver. Ces eaux sont en partie responsables des forts pics de débits et de masse polluants.

PERSPECTIVES

Développer sur la base de notre travail à Nancy une méthode générale qui permette de prédire la variabilité spatio-temporelle des flux polluants à partir de la connaissance de caractéristiques socio-économiques : réseau de collecte, style de vie, démographie du bassin de collecte, occupation du sol.

Optimiser le fonctionnement des stations avec une variabilité anticipée des flux de polluants.

Etendre la méthodologie à des polluants plus mineurs mais dangereux (produits pharmaceutiques par exemple) en incluant des informations comme la composition des aliments (Charrondière et al, 2013.), le taux de défécation et mictions (Chung et Mastrigt 2009; Arocha et McCann, 2013).

L'introduction des informations collectées pendant cette thèse dans le modèle qui a été initié dans le cadre d'un projet de l'International Water Association (www.benchmarkwwtp.org) avec l'incorporation de de nouvelles variables de description de la pollution, notamment en termes de métaux lourds et/ou des composés émergents tels que des composés pharmaceutiques, et des détergents doit être envisagée.

REFERENCES

Agence de l'Eau Loire-Bretagne (1999a). *Economie d'eau dans la ville*, Orléans.

Agence de l'Eau Loire-Bretagne et Conseil Régional de Bretagne (1999). *Economiser l'eau dans la ville et l'habitat : sur les traces de l'expérience des Villes-pilotes en Bretagne. Guide méthodologique.*

Ahmad S.R, Reynold D.M. (1999). Monitoring of water quality using fluorescence technique: prospect of on-line process control. *Water Research, Vol 33* , 2069-2074.

Ahmad S.R, Reynolds D.M. (1995). Synchronous fluorescence spectroscopy of wastewater and some potential constituents. *Water Research, Vol 29* , 1599-1602.

Alexandre O, Azomahou T. (2000). Modéliser la demande en eau potable : une étude de cas sur 115 communes de la Moselle. *Techniques, Sciences et Méthodes, Vol 2,* 50-55.

Alfvén T, Elinder C.G, Carlsson M.D, Grubb A, Hellström L, Persson B, Pettersson C, Spang G, Schütz A, Järup L. (2000). Low level cadmium exposure and osteoporosis. *Journal of Bone and Mineral Research, Vol 15* , 1579-1586.

Almeida M.C, Butler D, Friedler E. (1999). At-source domestic wastewater quality. London. *Urban Water, Vol 1*, No 1, 45-55.

Ambroise B. (1999). La dynamique du cycle du l'eau dans un bassin versant: processus, facteurs, modèles. *H. G. A, Burarest* , 60-71.

Aquascop. (2003). *Les étangs et zones humides de Palavas à Frontignan : Diagnostic, objectifs, programme d'actions. Phase 3 objectifs & phase 4 : programme d'actions.* SIEL Mai 2003. 87.

Arocha J.S, McCann L.M.J. (2013) Behavioral economics and the design of a dual-flush toilet. *Journal of the American Water Works Association, Vol 105(2),* 43-44.

Association des Responsables de Copropriété (1998). *La gestion de l'eau dans l'habitat collectif.*

Association des Responsables de Copropriété (2001). *La maîtrise de l'eau en copropriété*, Paris.

Azomahou T. (2000). *Dépendance spatiale et structure de données de panel - Application à l'estimation de la demande domestique d'eau.* Thèse de Doctorat Européen spécialité Sciences Economiques UMR Cemagref-ENGEES en "Gestion des Services Publics" et Bureau d'Economie Théorique et Appliquée, Université Louis Pasteur Strasbourg 1.

Baker A. (2001). Fluorescence Excitation-Emission matrix characterization of some sewage-impacted rivers. *Environmental Science & Technology, Vol 35* , 948-953.

Baker A. (2002). Spectrophotometric discrimination of river dissolved organic matter. *Hydrological Processes, Vol 16* , 3203-3213.

Baker A, Ward D, Lieten S.H., Periera R, Simpson E.C, Slater M. (2004). Measurement of protein-like fluorescence in river and waste water using a handheld spectrophotometer. *Water Research, Vol 38*, 2934–2938.

Bau M, Dulski P. (1996). Distribution of yttrium and rare earth elements in the Penge and Kuruman Iron Formation, Transval Supergroup, South Africa. *Precambrian Research, Vol 79*, 37-55.

Bechmann H, Nielsen M.K, Madsen H, Poulsen N.K. (1999). Grey-box modelling of pollutant loads from a sewer system. *Urban Water, Vol 1*, 71-78.

Besse P, Pouessel M, Soubestre P, Le Pluart A, Bechac J.P. (1989). L'assainissement collectif en Ille-et-Vilaine, Détermination statistique de l'équivalent habitant en milieu rural. *Techniques Science et Méthode*, septembre 1989.

Biausque V, Thévenot C, Wolff L. (2012). En 2010, les salariés ont pris en moyenne six semaines de congé (In 2010 workers are taking in average 6 weeks of vacations) *Insee Première*, 1422 (http://www.insee.fr).

Blanchard M, Teil M.J, Chevereuil M. (2006). The Seasonal Fate of PCBs in Ambient Air and Atmospheric Deposition in Northern France. *Journal of Atmospheric Chemistry, Vol 53*, 123-144.

Blanic R, Bennenton J.P. (1989). Caractérisation des effluents de d'assainissement individuel et essai de matériels d'assainissement autonome. *Techniques Science et Méthode*, novembre 1989.

Boistard P. (1993a). *Elasticité de la demande au prix de l'eau : réflexion sur les motivations réelles du choix du mode de tarification des services publics de distribution d'eau en France.* La ville et le génie de l'environnement. B. Barraqué. Paris, Presses de l'ENPC.

Boller M. (2004). Towards sustainable urban stormwater management. *Creative Water and Wastewater Treatment Technologies for Densely Populated Urban Areas, Vol 4* (1), 55-65.

Bormann F.H, Balmori D, Geballe G.T. (1993). Redesigning the American Lawn: A Search for Environmental Harmony. *Yale University Press, New Haven, Vol 6*, 86-117.

Bouhoum K, Amahmid O, Habbari Kh, Schwartzbrod J. (1997). Devenir des oeufs d'helminthes et des kystes de protozoaires dans un canal à ciel ouvert alimenté par les eaux usées de Marrakech. *Journal of Water Science, vol 10*, 217-232.

Brechet J.P. (1982). *La demande en eau résidentielle. Etude économique et économétrique.* Doctorat de 3ème cycle Faculté des sciences économiques et de gestion Université de Poitiers

Bressy A. (2010). *Flux de micropolluants dans les eaux de ruissellement urbaines.* Paris: Thèse, Université Paris-Est.

REFERENCES

Brombach H, Weiss G, Fuchs S. (2005). A new database on urban runo_ pollution: comparison of separate and combined sewer systems. *Water Science and Technology, Vol* **51** (2), 119-128.

Bureau Vertitas et Sivom de Metz (1994). *Etude de quantification de pollution*. Rapport de synthèse.

Cambon-Grau S. (1996). *Avenir des consommations domestiques d'eau*. Lyonnaise des Eaux, Paris. Rapport définitif.

Cambon-Grau S. (2000). Baisse des consommations d'eau à Paris : enquête auprès de 51 gros consommateurs. *Techniques, Sciences et Méthodes, Vol* **2**, 37-46.

Centre d'information sur l'eau (1995). *Mémento, l'essentiel sur l'eau potable*.

Charrondière U.R, Stadlmayr B, Rittenschober D, Mouille B, Nilsson E, Medhammar E, Olango T, Eisenwagen S, Persijn D, Ebanks K, Nowak V, Du J, Burlingame B. (2013). FAO/INFOODS food composition database for biodiversity. *Food Chemistry, Vol* **140**, 408–412.

Chebbo G, Gromaire M.C, Ahyerre M, Garnaud S. (2001). Production and transport of urban wet weather pollution in combined sewer systems: the "Marais" experimental urban catchment in Paris. *Urban Water, Vol* **3** , 3-15.

Chebbo G. (1992). *Solides des rejets pluviaux urbains, caractérisation et traitabilité*. Thèse de doctorat de l'Ecole Nationale des Ponts et Chaussées.

Chocat B, Bertrand-Krajewski J.L, Barraud S. (2007). Eaux pluviales urbaines et rejets urbains par temps de pluie. *Techniques de l'Ingénieur* , W6800.

Chocat B. (2004). *Hydrocarbures dans les eaux pluviales*. Haute Savoie: Groupe de recherche Rhône-Alpes sur les infrastructures et l'eau (GRAIE).

Choubert J.M, Martin-Ruel S, Budzinski H, Miège C, Esperanza M, Soulier C, Lagarrigue C, Coquery M. (2011)b. Removal of micropollutants by domestic conventional wastewater treatment plants and advanced tertiary process: specific method and results from the Amperes project. *Techniques Sciences Méthodes, Vol* **106**, 44-62.

Choubert J.M, Pomiès M., Martin Ruel S, M. Coquery (2011)a. Influent concentrations and removal performances of metals through municipal wastewater treatment processes, *Water Science and Technology, Vol* **63(9)**, 1967-1973.

Christensen J. (2005). *Autofluorescence of Intact Foof-An exploratory Multi-way Study*. Copenhagen: Thèse, Faculty of Life Science, Universty of Copenhagen, Denmark.

Chung J.W.N.C.H.F, Van Mastrigt R. (2009). Age and volume dependent normal frequency volume charts for healthy males. *Journal Of Urology, Vol* **182(1)**, 210-214.

Cincinelli A, Mandorlo S, Dickhut R.M, Lepri L. (2003). Particulate organic compounds in the atmosphere surrounding an industrialised area of Prato (Italy). *Atmospheric Environment, Vol* **37** , 3125-3133.

CIQUAL, 2012, http://www.afssa.fr/TableCIQUAL/

Collins K.A, Lawrenceb T.J, Standerc E.K, Jontosd R.J, Kaushale S.S, Newcomerf T.A, Grimmg N.B, Cole Ekbergh M.L. (2010). Opportunities and challenges for managing nitrogen in urban stormwater: A review and synthesis. *Ecological Engineering, Vol 36*, 1507-1519.

Comber S, Gardner M, Georges K, Blackwood D, Gilmour D. (2013). Domestic source of phosphorus to sewage treatment works. *Environmental Technology, Vol 34(10)*, 1349-1358.

Comber S.D.W, Gardner M.J, Gunn A.M. (1996). Measurement of absorbance and fluorescence as potential alternatives to BOD. *Environmental Technology, Vol 17*, 771-776.

Commissariat Général au Développement Durable (2012). *Les prélèvements d'eau en France en 2009 et leurs évolutions depuis dix ans, Service de l'Observation et des Statistiques*, www.statistiques.developpement-durable.gouv.fr

Conseil Régional de Bretagne (2001). *Economies d'eau, la Région s'engage dans les lycées bretons : état des lieux des 65 premiers lycées diagnostiqués*, Rennes.

Coutu S, Del Giudice D, Rossi L., Barry D.A. (2012). Modeling of facade leaching in urban catchments. *Water Resources Research, Vol 48*, W12503.

Crone M. (2000). *Diagnostique de sols pollués par des hydrocarbures aromatiques polycycliques (HAP) à l'aide de la spectrophotométrie UV*. Thèse, INSA Lyon.

Da Silva J, Machado A, Silva M. (1998). Acid-base properties of fulvic acids extracted from an untreated sewage sludge and from composted sludge. *Water Research Vol 32*, 23-45.

Daniels G.D, Kirkpatrick J.B. (2006). Comparing the characteristics of front and back domestic gardens in Hobart, Tasmania, Australia. *Landscape and Urban Planning, Vol 78*, 344-352.

Dauphin L, Tardieu F. (2007). Vacances : les générations se suivent et se ressemblent... de plus en plus (Vacations: generations go on and are more and more similar). *Insee Première*, 1154 (http://www.insee.fr)

de Castro J.M, Bellisle F, Feunekes G.J.J, Dalix A.M, De Graff C. (1997). Culture and meal patterns: a comparison of the food intake of free-living American, Dutch, and French students, *Nutrition Research, Vol 17(5)*, 807-829.

de Castro J.M. (2004). The time of day of food intake influences overall intake in humans, *Journal of Nutrition, Vol 134*, 104-111.

de Keyser W, Gevaert V, Verdonck F, De Baets B, Benedetti L. (2010). An emission time series generator for pollutant release modelling in urban areas. *Environmental Modelling & Software, Vol 25(4)*, 554-561.

REFERENCES

de Meester T, Marique A.F, De Herde A, Reiter S. (2013). Impacts of occupant behaviours on residential heating consumption for detached houses in a temperate climate in the northern part of Europe. *Energy and Buildings, Vol 57*, 313–323.

Debray (1997). *Système d'aide à la décision pour le traitement des déchets industriels spéciaux*. Thèse, INSA Lyon.

Degrémont. *Mémento Technique de l'eau* (1991)

Deronzier G, Schétrite S, Racault Y, Canler J.P, Liénard A, Héduit A, Duchène P. (2001). Traitement de l'azote dans les stations d'épuration biologique des petites collectivités. *Document technique FNDAE n°25* .

Devault D.A, Merlina G, Lim P, Probst J.L, Pinelli E. (2007). Multi-residues analysis of pre-emergence herbicides in fluvial sediments: application to the mid-Garonne Rivier. *Journal of Environmental Monitoring, Vol 9* , 1009-1017.

Diaz-Fierros F.T, Puerta J, Suarez J, Diaz-Fierros F.V. (mars 2002). Contaminant loads of CSOs at the wastewater treatment plant of a city in NW Spain. *Urban Water, Vol 4*, 291-299.

Direction Départementale de l'Equipement 92, Conseil Régional d'Ile de France, Conseil Général des Hauts de Seine et Agence Financière de Bassin Seine-Normandie La maîtrise de l'eau. *Campagne d'Information*.

Directive of the European Parliament and of the Council amending Directives 2000/60/EC and 2008/105/EC as regards priority substances in the field of water policy (com_2011_876.pdf)

Domeizel M, Khalil A, Prudent P. (2004). UV spectroscopy: a tool for monitoring humification and for proposing an index of the maturity of compost. *Bioresource Technology, Vol 94* , 177-184.

Dorioz J.M, Ferhi A. (1994). Non-point pollution and management of agricultural areas: Phosphorus and nitrogen transfer in an agricultural watershed. *Water Research, Vol 28* , 395-410.

Dornbush N.J, Ryckman W.D. (1962). The effects of physiochemical processes in removing organic contaminants. *Water Pollution Control Federation, Vol 35*, 1325-1340

Drapper D, Tomlinson R, Williams P. (2000). Pollutant concentrations in road runoff : Southeast Queensland case study. *Journal of Environmental Engineering-Asce, Vol 126* (4), 313-320.

Dufour A. (1995a). *Opinions des français sur l'environnement et appréciations sur l'eau du robinet*. CREDOC et IFEN, Paris. Collection Etudes et Travaux, 6.

Eckenfelder W.W. (1978). *Gestion des eaux usées urbaines et industrielles*. Traduit de l'Américain par L.Vandevenne. Technique et Documentation Lavoisier. Paris

El Hamiani O, El Khalil H, Lounate K, Sirguey C, Hafidi M, Bitton G, Schwartz C, Boularbah A. (2010). Toxicity assessment of garden soil in the vicinity of mining areas in Southern Morocco. *Journal of Hazardous Materials, Vol 177*, 755-761.

Enfinger K.L, Stevens P.L. (2006). Scattergraph Principles and Practice - Tools and Techniques to Evaluate Sewer Capacity, Proceedings of the Pipeline Division Specialty Conference; Chicago, IL; *American Society of Civil Engineers*: Reston, VA.

Ensminger M.P, Budd R, Kelley K.C, Goh K.S. (2013). Pesticide occurrence and aquatic benchmark exceedances in urban surface waters and sediments in three urban areas of California, USA, 2008-2011. *Environmental Monitoring And Assessment. Vol 185*, 3697-3710.

Eriksson E, Auffarth K, Henze M, Ledin A. (2002). Characteristics of grey wastewater. *Urban Water, Vol 4*, 85-104.

Esteves da Silva J.C.G, Machado A.A.S.C, Oliveira C.J.S, Pinto M.S.S.D.S. (1998). Fluorescence quenching of anthropogenic fulvic acids by Cu(II), Fe (III). *Talanta, Vol 45*, 1155-1165.

Etude inter-agence n° 23. (1993). *Recherche et quantification paramètres caractéristiques de l'équivalent habitant.* Maurepas: Agence de l'Eau.

Euzen A. (2004). *Que se cache-t-il derrière les courbes de consommation d'eau ?* Créteil: 15èmes Journées Scientifiques de l'Environnement - Usages de l'eau.

Euzen A. (2013). *Dans « Tout savoir sur l'eau du robinet »* Eds CNRS, Paris, pp 44-46.

Fatima-Zahra L.M, Omar Assobhei, (2005). Impact of urban effluents on intestinal helminth infections in the wastewater discharge zone of the city of El Jadida, Morocco, Management of Environmental Quality*: An International Journal, Vol 16 (1)*, 1 – 6.

Flood J.F., Cahoon L.B. (2011). Risks to coastal wastewater collection systems from sea-level rise and climate change. *Journal of Coastal Research, Vol 27(4)*, 652-660.

FNDAE. (1992). *Consommation domestique et prix de l'eau - Evolution en France de 1975 à 1990.* Les services publics communaux et départementaux, Vol **181**, 181-195.

Francheteau S. (2002). L'évolution des consommations d'eau : le cas de l'Ile de France. *Techniques, Sciences et Méthodes, Vol 1*, 65-70.

Gaïd A. (2008). Traitement des eaux résiduaires. *Techniques de l'Ingénieur*, C5220.

Gernaey K. V, Rosen C, Jeppsson U. (2005). *WWTP Dynamic Disturbance Modelling - an Essential Module for Long - Term Benchmarking Development.* Lund, Sweden: Department of Industrial Electrical Engineering and Automation (IEA), Lund University.

Gernaey K.V, Flores-Alsina X, Rosen C, Benedetti L. and Jeppsson U. (2011). Dynamic influent pollutant disturbance scenario generation using a phenomenological modelling approach. *Environmental Modelling & Software, Vol 26*, 1255-1267.

Gevaert V, Verdonck F., Benedetti L, De Keyser W. and De Baets B. (2009). Evaluating the usefulness of dynamic pollutant fate models for implementing the EU Water Framework Directive., Chemosphere, *Vol 76*, 27-35.

Girardot P.L, Divenot A, Bustarret J (1972a). L'évolution de la demande en eau (1er partie). *Techniques, Sciences et Méthodes, Vol 69(7)*, 281-290.

Giraud D. (1997). La consommation de l'eau potable à Paris. *Sources et REssources Vol 5*, 24-26.

Glozier N.E, Struger J, Cessna A.J, Gledhill M, Rondeau M, Ernst W.R, Sekela M.A, Cagampan S.J, Sverko E, Murphy C, Murray J.L, Donald D.B. (2012). Occurrence of glyphosate and acidic herbicides in select urban rivers and streams in Canada, 2007. *Environmental Science And Pollution Research, Vol 19*, 821-834.

Gnecco I, Berretta C, Lanza L, La Barbera P. (2005). Storm water pollution in the urban environment of Genoa, Italy. *Atmospheric Research, Vol 77* (1-4), 60-73.

Göbel A, Thomsen A, McArdell C.S, Joss A, Giger W. (2005). Occurrence and sorption behavior of sulfonamides, macrolides, and trimethoprim in activated sludge treatment. *Environmental Science & Technology, Vol 39*, 3981-3989.

Godart H. (2001). Assainissement non collectif. *Techniques de l'Ingénieur* , C3842.

Gomella C, Guerree H. (1978). *Le traitement des eaux publiques, industrielles et privées.* Paris : Eyrolles.

Grafton R.Q, Ward M.B, To H, Kompas T. (2011). Determinants of residential water consumption: Evidence and analysis from a 10-country household survey. *Water Resources Research, Vol 47*, W08537.

Grangé P, Laborie B, Rossi J. (1999). Structure tarifaire dans la facturation de l'eau et de l'assainissement. *Aquae Vol 3*, 2-3.

Gray S.R, Becker N.S.C. (2002). Contaminant flows in urban residential water systems. *Urban Water, Vol 4* , 331-346.

Green W, Ho G. (2005). Small scale sanitation technologies. *Water Science and Technology, Vol 51(10)*, 29-38.

Gromaire M.C, Chebbo G, Constant A. (2002). Impact of zinc roofing on urban runoff pollutant loads: the case of Paris. *Water Science and Technology, Vol 45* , 113-122.

Gromaire M.C. (1998). *La pollution des eaux pluviales urbaines en réseau d'assainissement unitaire. Caractéristiques et origines*. Thèse de doctorat, Ecole Nationale des Ponts et Chaussées.

Grynkiewicz M, Polkowska Z, Gorecki T, Namiesnik J. (2003). Pesticides in precipitation from an urban region in Poland between 1998 and 2000. *Water, Air, and Soil Pollution, Vol 149* , 3-16.

Guellec A. (1993). *Quelles sont les missions du comité de bassin ?*. Courants 23 (Hors série), 51-53.

Guellec A. (1995). *Le prix de l'eau : de l'explosion à la maîtrise ?* Assemblée Nationale. Rapport d'information.

Günther F. (2000). Wastewater treatment by greywater separation: Outline for a biologically based greywater purification plant in Sweden. *Ecological Engineering, Vol* **15**, 139-146.

Hamdani A (2002). *Caractérisation et essais de traitement des effluents d'une industrie laitière: aspects microbiologiques et physico-chimiques.* Thèse de doctorat. Faculté des Sciences d'El Jadida, Maroc.

Hartel P.G, Hagedorn C, McDonald J.L, Fisher J.A, Saluta M.A, Dickerson Jr.J.W, Gentit L. C, Smith S.L, Mantripragada N.S, Ritter K.J, Belcher C.N. (2007). Exposing water samples to ultraviolet light improves fluorometry for detecting human fecal contamination. *Water Research, Vol* **41**, 3629-3642.

Hartel P.G, Rodgers K, Moody G.L, Hemming S.N.J, Fisher J.A, McDonald J.L. (2008). Combining targeted sampling and fluorometry to identify human fecal contamination in a freshwater creek. *Journal Water Health, Vol* **6**, 105–116.

Hela D.G, Lambropoulou D.A, Konstantinou I.K, Albanis T.A . (2005). Environmental monitoring and ecological risk assessment for pesticide contamination and effects in lake Pamvotis Northwestern Greece. *Environmental Toxicology and Chemistry, Vol* **24**, 1548-1556.

Helfand G.E, Park J.S, Nassauer J.I, Kosek S. (2006). The economics of native plants in residential landscapes designs. *Landscap and urbain planning, Vol* **78**, 229-240.

Hellström D. (2003). Exergy analysis of nutrient recovery processes. *Water Science and Technology, Vol* **48**, No. 1, 27–36.

Henze M, Haremoes P, et al. (2000). *Wastewater treatment : Biological and chemical precess.* Berlin, Spinger.

Henze M, Harremoes P, Cour Jansen J, Arvin E. (2002). *Wastewater treatment: Biological and chemical processes.* Berlin: Springer.

Henze M, Ledin A. (2001). Types, characteristics and quantities of classic, combined domestic wastewaters: in Decentralized sanitation and reuse. Concepts, systems and implementation, Lens P, Zeeman G, Letting G (eds). *IWA Publishing, Vol* **4**, *London, UK*, 57-72.

Henze M. (1997). Waste design for households with respect to water, organics and nutrients. *Water Science and Technology, Vol* **35**, 113-120.

Hollinger E, Cornish P.S, Baginska B, Mann R, Kuczera G. (2001). Farm-scale stormwater losses of sediment and nutrients from a market garden near Sydney, Australia. *Agricultural Water Management, Vol* **47**, 227-241.

Imfeld G, Lefrancq M, Maillard E, Payraudeau S. (2013). Transport and attenuation of dissolved glyphosate and AMPA in a stormwater wetland. *Chemosphere, Vol 90*, 1333-1339.

Imziln B. (1990). *Traitement des eaux usées par lagunage anaérobie et aérobie facultatif à Marrakech: Etude bactériologique quantitative et qualitative; antibiorésistance des bactéries d'intérêt sanitaire.* Thèse de 3ème cycle. Fac. Sci., (U.C.A.), Marrakech.

Jaskulke E, Maugendre J.P, Cambon-Grau S. (2000). Vercingétorix : analyse des consommations d'eau dans un quartier de Paris. *Techniques, Sciences et Méthodes, Vol 2*, 47-49.

Jaskulke E, Maugendre J.P, Cambon-Grau S. (2000). Vercingétorix: analyse des consommations d'eau dans un quartier de Paris. *Techniques, Sciences et Méthodes, Vol 2*, 47-49.

Joss A, Zabczynski S, Göbel A, Hoffmann B, Löffler D, McArdell C.S, Ternes T.A, Thomsen A, Siegrist H. (2005). Removal of pharmaceuticals and fragrances in biological wastewater treatment. *Water Research, Vol 40*, 1686–1696.

Kaye J.P, Groffman P.M, Grimm N.B, Baker L.A, Pouyat R.V. (2006). A distinct urban biogeochemistry. *TRENDS in Ecology and Evolution, Vol 21*, 192-199.

Keir J.M, *Water conservation in the Las Vegas Valley (1998).* University of Nevada Las Vegas Theses/Dissertations/Professional Papers/Capstones. (http://digitalscholarship.unlv.edu/thesesdissertations).

Kevin L, Enfinger P.E, Patrick L, Stevens P.E. (2006). *Sewer Sociology-The days of Our (Sewer) Lives.* ADS Environmental Services.

Kim M.H, Kim E.Y, Choi M.K. (2013). Estimated balance status of manganese in healthy young adults. *Trace elements and electrolytes, Vol 30(2)*, 51-58.

Kim W.J, Managaki S, Furumai H, Nakajima F. (2009). Diurnal fluctuation of indicator microorganisms and intestinal viruses in combined sewer system. *Water Science and Technology, Vol 60(11),* 2791-2801.

Kirkpatrick J.B, Daniels G.D, Zagorski T. (2007). Explaining variation in front gardens between suburbs of Hobart, Tasmania, Australia. *Landscape and Urban Planning, Vol 79*, 314-322.

Kock-Schulmeyer M, Villagrasa M, de Alda M.L, Cespedes-Sanchez R, Ventura F, Barcelo D. (2013). Occurrence and behavior of pesticides in wastewater treatment plants and their environmental impact. *Science of the Total Environment, Vol 458*, 466-476

Kümmerer K, Al-Ahmad A, Bertram B, Wiessler M. (2000). Biodegradability of antineoplastic compounds in screening test: influence of glucusidation and of stereochemistry. *Chemosphere, Vol 40*, 767-773.

Kümmerer K, Helmers E. (2000). Hospital effluents as a source of gadolinium in the aquatic environment. *Env Sci Tec, Vol 34(4)*, 573-577.

Kümmerer K, StegerHartmann T, Meyer M. (1997). Biodegradability of the anti-tumour agent ifosfamide and its occurrence in hospital effluents and sewage. *Water Research, Vol 31* , 2705-2710.

Kümmerer K. (2001). Drugs in the environment: emission of drugs, diagnostic aids and disinfectants into wastewater by hospitals in relation to other sources—a review. *Chemosphere Vol 45*, 957-69.

Labbardi H, Ettahiri O, Lazar S, Massik Z, Antri S.E. (2005). Etude de la variation spatio-temporelle des paramètres physico-chimiques caractérisant la qualité des eaux d'une lagune côtière et ses zonations écologique: cas de Moulay Boussekham, Maroc. *Comptes Rendus Geoscience, Vol 337* , 505-514.

Laforest V, Debray B, Bourgois J. (1999). Méthode de réduction des rejets aqueux des ateliers de traitement de surface. *Déchets - Sciences et Techniques, Vol 13* , 41-45.

Lamichhane K.M, Babcock R.W.Jr. (2013). Survey of attitudes and perceptions of urine-diverting toilets and human waste recycling in Hawaii. *Science of the total Environment, Vol 443* , 749-756.

Lamprea K, (2009). *Caractérisation des métaux traces, hydrocarbures aromatiques polycycliques et pesticides transportés par les retombées atmosphériques et les eaux de ruissellement dans les bassins versants séparatifs péri-urbains*. Thèse de doctorat, Université de Nantes.

Lasheen M.R, Sharaby C.M, El-Kholy N.G, Elsherif I.Y, El-Wakeel S.T. (2008). Factors influencing lead and iron release from some Egyptian drinking water pipe, *Journal of Hazardous Materials*, **160**, 675–680.

Latini J.M, Mueller E, Lux M.M, Fitzgerald M.P, Kreder K.J. (2004). Voiding frequency in a sample of asymptomatic American men. Journal Of Urology, *Vol 172(3)*, 980-984.

Le Bonté S, Pons M.N, Potier O, Rocklin P. (2008). Relation between conductivity and ion content in urban wastewater. *Journal of Water Science, Vol 21* , 429-438.

Le Bonté S. (2003). *Méthodes multi-variables pour la caractérisation des eaux usées.* Nancy: Thèse, INPL.

Le Coz C. (1998). *Valorisation des fonctions de l'eau. Application à l'eau domestique sur le bassin versant de la rivière Yerres*. Thèse de doctorat Sciences de l'Environnement, ENGREF Paris, France.

Lee J.H, Bang K.W. (2000). Characterization of Urban Stormwater Runoff. *Water Research, Vol 34*, No 6, 1773-1780.

Lentner C, Wink A. (1981). Units of measurement, body fluids, Composition of the body, Nutrition. *Geigy Scientific tables*. Ciba-Geigy, Basle.

Leung R.W.K, Li D.C.H, Yu W.K, Chui H.K, Lee T.O, van Loosdrecht M.C.M, Chen G.H. (2012). Integration of seawater and grey water reuse to maximize alternative water resource for coastal areas: the case of the Hong Kong International Airport. *Water Science and Technology, Vol 65(3)*, 410-417.

LHRSP (1994). *Etude des métaux lourds transportés par les eaux de ruissellement. Rapport d'étude. Centre International de l'Eau de Nancy, district de l'Agglomération Nancéienne.* Agence de l'Eau Rhin Meuse, GEMCEA, LHRSP.

LHRSP et Laurensot F. (1998). *Caractérisation de la charge métallique des eaux de temps de pluie. Phase 2 : contribution des différents réservoirs à la pollution des eaux de temps de pluie-impact du balayage mécanisé sur la qualité des eaux de ruissellement. Rapport final d'étude. Centre International de l'Eau de Nancy, Communauté urbaine du grand Nancy.* Agence de l'Eau Rhin Meuse, ville de Nancy, GEMCEA.

Loh M, Coghlan P. (2003). *Domestic Water Use Study: In Perth, Western Australia 1998–2001.* Perth: Water Corporation.

Loos R, Gawlik B.M, Locoro G, Rimaviciute E, Contini S, Bidoglio G. (2009). EU-wide survey of polar organic persistent pollutants in European river waters. *Environmental Pollution, Vol 157* , 561-568.

Lottermoser B.G. (1994). Gold and platinoids in sewage sludges. *International Journal of Environmental Studies, Vol 46* , 167-171.

Lynch R.J.M. (2011). Zinc in the mouth, its interactions with dental enamel and possible effects on caries; a review of the literature, *International Dental Journal, Vol 61(SI-3)*, 46-54.

Malisie A.F, Prihandrijanti M, Otterpohl R. (2007). The potential of nutrient reuse from a source-separated domestic wastewater system in Indonesia - Case study: ecological sanitation pilot plant in Surabaya. *Water Science and Technology, Vol 56(5)*, 141-148.

Mapani B.S, Schreiber U. (2008). Management of city aquifers from anthropogenic activites: Example of the Windhoek aquifer, Namibia. *Physics and Chemistry of the Earth, Vol 33* , 674-686.

Maresca B. (1997). *Les déterminants de la consommation domestique.* Cahiers de Recherche du CREDOC 104, 5-11.

Martin C.W, Hornbeck J.W, Likens G.E, Buso D.C. (2000). Impacts of intensive harvesting on hydrology and nutrient dynamics of northern hardwood forests. *Canadian Journal of Fisheries and Aquatic Sciences, Vol 57* , 19-29.

Maugendre J.P. (1997). *Pour connaître les consommations d'eau des ménages.* Paris: Lyonnaise des Eaux - Eau et Force Paris Ile de France. PRAME Clientèle.

Messing P, Farenhorst A, Waite D, Sproull J. (2013). Influence of usage and chemical-physical properties on the atmospheric transport and deposition of pesticides to agricultural regions of Manitoba, Canada. *Chemosphere, Vol 90* , 1997-2003.

Metcalf et Eddy, Inc. (1991). *"Wastewater Engineering": Treatment Disposal and Reuse, third edition.* New York: McGraw-Hill.

Meybeck M, de Marsily G, Fustec E. (1998). *La Seine en son bassin. Fonctionnement écologique d'un système fluvial anthropisé.* CNRS-Univ. Paris VI, Elsevier. 749.

Miller J.M, Guo Y, Rodseth S.B. (2011). Cluster analysis of intake, output, and voiding habits collected from diary data. *Nursing Research, Vol 60(2),* 115-123.

Ministère de l'ENVIronnement du Québec (MENVIQ) (2004). *Guide techniques sur la réalisation des études préliminaires,* novembre 2004.

Moatar F, Meybeck M, Poirel A. (2009). Variabilité journalière de la qualité des rivières et son incidence sur la surveillance a long terme: exemple de la Loire moyenne. *La Houille Blanche, Vol 4*, 89-97.

Montginoul M. (2002). *La consommation d'eau des ménages en France.* Strasbourg: Cemagref & Ecole Nationale du Génie de l'Eau et de l'Environnement de Strasbourg.

Mopper K, Feng Z, Bentjen S.B, Chen R.F. (1996). Effects of cross-flow filtration on the absorption and fluorescence properties of seawater. *Marine Chemistry, Vol 55*, 53-74.

Morvan R, Grosmesnil O. (2002). *Analyse de résultats de l'enquête logement sur la consommation d'eau.* Paris: IFEN et INSEE.

Morvan R, Grosmesnil O. (2002). *Analyse de résultats de l'enquête logement sur la consommation d'eau.* IFEN et INSEE, Paris.

Motelay-Massei A, Garban B, Tiphagne-larcher K, Chevreuil M, Ollivon D. (2006). Mass balance for polycyclic aromatic hydrocarbons in the urban watershed of Le Havre (France): Transport and fate of PAHs from the atmosphere to the outlet. *Water Research, Vol 40*, 1995-2006.

Moubarrad F.Z.L, Assobhei O. (2007). Health risks of raw sewage with particular reference to Ascaris in the discharge zone of El Jadida (Morocco). *Desalination, Vol 215*, 120-126.

Mrkva M. (1983). Evaluation of correlation between absorbance at 254 nm and COD of river waters. *Water Research, Vol 17*, 231-235.

Mukhopadhyay A, Akber A, Al-Awadi E. (2001). Analysis of freshwater consumption patterns in the private residences of Kuwait. *Urban Water, Vol 3*, 53-62.

Nauges C, Thomas A. (1998). *Délégation des services d'eau potable, fixation du prix de l'eau et estimation de la demande domestique : le cas de la France.* Toulouse: ERNA-INRA.

Nauges C. (1999). *La consommation d'eau potable en France : analyse économétrique de la demande domestique.* Thèse de doctorat Université des Sciences Sociales de Toulouse.

Novack S. (1999). *Dynamique de transfert des produits phytosanitaires vers les eaux superficielles : de l'étude de terrain à l'approche modélisatrice.* Nancy: Thèse, Université Henri Poincaré.

OPHLM (1997). *Patrimoine - Gestion de l'eau : méthode d'analyse et propositions d'actions. Les collections d'actualités HLM*, 50.

Ort C, Gujer W. (2008). Sorption and high dynamics of micropollutants in sewers. *Water Science and Technology, Vol 57(11),* 1791-1797.

Overmyer J.P, Noblet R, Armbrust K.L. (2005). Impacts of lawn-care pesticides on aquatic ecosystems in relation to property value. *Environmental pollution, Vol 137 ,* 263-272.

Papadakis E.P. (1982). Sampling plans and 100% nondestructive testing compared. *Quality Progress, Vol 15 ,* 38-39.

Patterson R.A. (2001). Wastewater quality relationships with reuse options. *Water Science and Technology, Vol 43(10) ,* 147–154.

Perianez M. (1996). *Attitudes et comportements des consommateurs d'eau - Etude psychosociologique.* Paris: Lyonnaise des Eaux.

Perigee (1997). *Analyse des consommations d'eau du réseau Vercingétorix, à Paris 14ème - Tranche 1. Eau et Force - Centre Régional Paris Ile-de-France et Agence de l'Eau Seine Normandie.* Paris. Rapport définitif principal.

Pettersson E.M, Sullivan B.T, Anderson P, Berisford C.W, Birgersson G. (2000). Odor perception in the bark beetle parasitoid Roptrocerus xylophagorum exposed to host-associated volatiles. *Journal of Chemical Ecology, Vol 26 ,* 2507-2525.

Plósz B.G, Leknes H, Liltved H, Thomas K.V. (2010). Diurnal variations in the occurrence and the fate of hormones and antibiotics in activated sludge wastewater treatment in Oslo, Norway. *Science of the Total Environment, Vol 408 ,* 1915–1924.

Pons M.N, Orlando D, Barriuso E. (1996). *Evalution des risques de phytotoxicité du metsulfuron-méthyle avec des plants tests.* Nancy: CEMAGREF_26ème congrès Groupe Français des Pesticides Hydrosystèmes.

Pons M.N, Spanjers H, Baetens D, Nowak O, Gillot S, Nouwen J, Schuttinga N. (2004). *Wastewater Characteristics in Europe* – A Survey, E-Water, ISSN 1994-8549.

Poquet G. (1997). *Comportements et représentations de l'usage de l'eau.* Cahiers de Recherche du CREDOC, *Vol 104,* 13-62.

Pouet M.F, Muret C, Touraud E, Vaillant S, Thomas O. (1999). *UV characterisation of cholloidal and particulate matter in wastewater.* Proceedings of Interkama-Isa Conference on CDRom, 18-20 oct. 1999, Düsseldorf, Germany.

Pouly F, Touraud E, Buisson J.F, Thomas O. (1999). An alternative method for the measurement of mineral sulphide in wastewater. *Talanta, Vol 50,* 737-742.

Pouquet L, Ragot K. (1997). *Les ménages sont-ils devenus plus sensibles au prix de l'eau ?.* Cahiers de Recherche du CREDOC 104, 63-168.

Predotova M, Jens Gebauer J, Diogo R.V.C, Schlecht E, Buerkert A. (2010). Emissions of ammonia, nitrous oxide and carbon dioxide from urban gardens in Niamey, Niger. *Field Crops Research, Vol 115* , 1-8.

Pujol R, Lienard A. (1990). *Qualitative and quantitative characterisation of waste water for small communities.* CEMAGREF.

Raihane K. (1999). *La contamination des ressources en eau par l'arsenic, le nickel et le chrome:situation en France et quelques exemples à l'étranger.* Montpellier: Synthèse technique, ENGREF.

Rambaud A, Alozy C, Reboul B, Bontoux J. (1997). *Etude séquentielle des variations des rejets journaliers d'eaux usées au niveau d'une habitation individuelle.* Travaux de la société de pharmacie de Montpellier.

Revitt D.M, Ellis J.B, Llewellyn N.R. (2002). Seasonal removal of herbicides in urban runoff. *Urban Water, Vol 4* , 13-19.

Reynold D.M, Ahmad S.R. (1997). Rapid and direct determination of wastewater BOD values using a fluorescence technique. *Water Research, Vol 31* , 2012-2018.

Robert-Sainte P, Gromaire M.C, de Gouvello B, Saad M, Chebbo G. (2009). Annual metallic flows in roof runoff from different materials : test bed scale in Paris Conurbation. *Environmental Science and Technology, Vol 43* , 5612-5618.

Roig B, Gonzalez C, Thomas O, (1999a). Measurement of dissolved total nitrogen in wastewater by UV photooxidation with peroxodisulfate. *Anal. Chim. Acta, Vol 389*, 267-274.

Roig B, Gonzalez C, Thomas O. (1999b). Simple UV/UV-visible method for nitrogen and phosphorus measurement in wastewater. *Talanta, Vol 50* , 751-758.

Roos, E, Prättälä, R. (1997). Meal patterns and nutrient intake among adult Finns. *Appetite, Vol 29* , 11–24.

Saayman I.C, Adams S. (2002). The use of garden boreholes in Cape Town, South Africa: lessons learnt from Perth, Western Australia. *Physics and Chemistry of the Earth, Vol 27* , 961-967.

Sabin L.D, Lim J.H, Stolzenbach K.D, Schiff K.C. (2005). Contribution of trace metals from atmospheric deposition to stormwater runoff in a small impervious urban catchment. *Water Research, Vol 39* , 3929-3937.

Saget A, Chebbo G, Bertrand-Krajewski J.L. (1996). The first flush in sewer systems. *Water Science and Technology, Vol 33 (9)*, 101-108.

Saget A. (1994). *Base de données sur la qualité des rejets urbains de temps de pluie : distribution de la pollution rejetée, dimensions des ouvrages d'interception.* Phd thesis. Ecole Nationale des Ponts et Chaussées, France.

REFERENCES

Saisatit T. (1988). *Etude sur la prévision de la demande en eau en milieu urbain : application à l'agglomération chambérienne.* Thèse de Doctorat Université de Savoir. Faculté des Sciences et Techniques, spécialité : Génie de l'Environnement Chambéry

Salgado R, Marques R, Noronha J.P, Mexia J.T, Carvalho G, Oehmen A, Reis M.A.M. (2011). Assessing the diurnal variability of pharmaceutical and personal care products in a full-scale activated sludge plant. *Environmental Pollution, Vol 159* , 2359-2367.

Sansalone J.J, Buchberger S.G. (1997b). Partitioning and first flush of metals in urban roadway storm water. *Journal of Environmental Engineering-Asce Vol 123*(2), 134-143.

Schiavon M, Perrin-Ganier C, Portal J.M. (1995). La pollution de l'eau par les produits phytosanitaires : état et orgine. *Agronomie, Vol 15* , 157-170.

Shcherbakova V.A, Laurinavichius K.S, Akimenko V.K. (1999). Toxic effect of surfactants and probable products of their biodegradation on methanogenesis in an anaerobic microbial community. *Chemosphere, Vol 39* , 1861-1870.

Sklash M.G, Farvolden R.N. (1979). The role of groundwater in storm runoff. *Journal of Hydrology, Vol 43* , 45-65.

Syme G.J, Quanxi Shao, Murni Po, Campbell E. (2004). Predicting and understanding home garden water use. *Landscape and Urban planning, Vol 68* , 121-128.

Szolnoki Z, Farsang A, Puskas I. (2013). Cumulative impacts of human activities on urban garden soils: Origin and accumulation of metals. *Environmental Pollution, Vol 177,* 106-115.

Tchobanoglous G, Burton F.L, Stensel H.D. (1991). *Wastewater Engineering: Treatment, Disposal, Reuse.* Metcalf & Eddy, Inc.

Templeton S.R, Yoo S.J, Zilberman D. (1999). An economic analysis of yard care and synthetic chemical use: The case of San Francisco. *Environmental and Resource Econnomics, Vol 14* , 385-397.

Theraulaz F, Djellal L, Thomas O. (1996). Simple LAS determination in sewage using advanced UV spectrophotometry. *Tenside Surfactants, detergents, Vol 33* (6), 447-451.

Thomas O, El Khorassani H, Touraud E, Bitar H. (1999). TOC versus UV spectrophotometry for wastewater quality monitoring. *Talanta, Vol 50* , 743-749.

Thomas O, Gallot S, Mazas N. (1990). Ultraviolet multiwavelength absorptiometry (UVMA) for the examination of natural waters and wastewaters. *Fresenius Journal of analytical Chemistry, Vol 338* , 238-240.

Thomas O, Theraulaz F, Agnel C, Suryani S. (1995). La spectrophotométrie ultraviolette et la qualité des eaux. *Tribune de l'eau, No 573/1.*

Thomas O. (1995). *Métrologie des eaux résiduaires.* Tec & Doc, Lavoisier Ed., Paris

Tipping E, Rey-Castro C, Bryan S.E, Hamilton-Taylor J. (2002). Al(III) and Fe(III) binding by humic substances in freshwaters, and implications for trace metal speciation. *Geochimica Et Cosmochimica Acta, Vol 66*, 3211-3224.

Touraud E, Crone M, Thomas O (1999). Rapid diagnostic of polycyclic aromatic hydrocarbons (PAH) in contaminated soils with the use of ultraviolet detection. *J. Env. Engineering, 124 (8)*, 690-694.

Vaillant S, Pouet M.F, Thomas O (1999). Methodology for the characterisation of heterogeneous fractions in wastewater. *Talanta, Vol 50*, 729-736.

Vanrolleghem P.A, Lee D.S. (2003). On-line monitoring equipment for wastewater treatment processes: state of the art. *Water Science and Technology, Vol 47*, 1-34.

Vanrolleghem P.A, Spaniers H. (1998). A hybrid respirometric method for more reliable assessment of activated sludge model parameter. *Water science and Technology, Vol 37*, 237-246.

Verbanck M.A. (1995). Capturing and releasing settleable solids – the significance of dense undercurents in combined sewer flows. *Water Science and Technology, Vol 31*, No7, 85-93.

Vialle C , Sablayrolles C, Silvestre J, Monier L, Jacob S, Huau M.C, Montrejaud-Vignoles M. (2013). Pesticides in roof runoff: Study of a rural site and a suburban site. *Journal of Environmental Management, Vol 120*, 48-54.

Ville de Lorient (2000a). *Les économies d'eau à Lorient*. Actes.

Ville de Lorient (2000b). *Premières journées techniques nationales sur les économies d'eau, Lorient*. Actes.

Voltz M, Louchart X. (2001). Les facteurs clés de transfert des produits phytosanitaires vers les eaux de surface. *Ingénieries_Numéro spécial: Phytosanitaires* , 45-54.

Wei Q, Zhu G, Wu P, Cui L, Zhang K, Zhou J, Zhang W. (2010). Distributions of typical contaminant species in urban short-term storm runoff and their fates during rain events. A case of Xiamen City. *Journal of Environmental Sciences, Vol 22* , 533-539.

Wejden B, Ovstedal J. (2006). Contamination and degradation of de-icing chemicals in the unsaturated and saturated zones at Oslo Airport, Gardermoen, Norway, Urban Groundwater Management and Sustainability, *NATO Science Series IV Earth and Environmental Sciences, Vol 74*, 205-218.

Wilderer P.A. (2004). Applying sustainable water management concepts in rural and urban areas: some thoughts about reasons, means and needs. *Water Science and Technology, Vol 49(7)*, 8-16.

Winiarski T, Thomas O, Charrier C. (1995). Analysis of the spatial and temporal variations in the water quality of a karstic aquifer using UV spectrophotometry. *Journal of Contaminant Hydrology, Vol 9* , 307-320.

Wohlfahrt J. (2008). *Développement d'un indicateur d'exposition des eaux de surface aux pertes de pesticides à l'échelle du bassin versant.* Nancy: Thèse, INPL

Xanthopoulos C, Hahn H.H. (1993). *Anthropogenic pollutants wash-off from street surfaces.* Proceeding of ICUSD '93, 6th International Conference on urban storm drainage, sept 12-17, 1993, Niagara Falls, 417-422.

Zorbas Y.G, Kakurin V.J, Charapahkin K.P, Yarullin V.L, Matvedev S.N. (2003). Zinc measurements during hypokinesia and zinc supplementation in determining zinc retention during hypokinesia in normal subjects. *Nutrition Research, Vol 23 ,* 869–878.

Zorbas Y.G, Kakurin V.J, Kuznetsov N.A, Deogenov V.A. (2004). Copper absorption during and after hypokinesia in copper supplemented and unsupplemented healthy subjects. *Nutrition Research, Vol 24 ,* 889–899.

ANNEXES

Annexe 1 : Des paramètres polluants mesurés par campagnes de prélèvement et par différents sites de mesure (1)

Différentes Campagnes	DCO brute	Débits	DCO Surnageant 15 minutes	DCO filtré	MEST	Turbidité	Ammonium	COT	pH	Conductivité	Fluorescence	Spectro UV
Brabois												
Mardi_15/06/2010		X		X		X	X	X	X	X	X	X
Mardi_22/06/2010		X		X		X	X	X	X	X	X	X
Lundi_04/07/2011	X	X		X		X	X	X	X	X	X	X
Mardi_22/11/2011	X			X		X	X		X	X	X	
Clairlieu												
Lundi_12/07/2010		X		X	X	X	X	X	X	X	X	X
Lundi_19/07/2010		X		X	X	X	X	X	X	X	X	X
Lundi_22/11/1010	X	X		X	X	X	X	X	X	X	X	X
Mardi_22/02/2011	X	X		X	X	X	X	X	X	X	X	X
Lundi_07/03/2011 Vacances d'hiver		X	X	X	X	X	X	X	X	X	X	X
Dimanche_13/03/2011 Vacances d'hiver	X	X	X	X	X	X	X	X	X	X	X	X
Lundi_04/07/2011		X	X	X	X	X	X	X	X	X	X	X
Mardi_22/11/2011	X	X		X		X	X		X	X	X	X
Flèville village												
Mercredi_01/09/2010	X	X		X	X	X	X	X	X	X	X	X
Lundi_24/01/2011	X	X		X	X	X	X	X	X	X	X	X
Lundi_11/04/2011	X	X		X	X	X	X	X	X	X	X	X
Mercredi_17/08/2011 Vacances d'été	X	X		X	X	X	X	X	X	X	X	X
Mardi_17/07/2012 vacances d'été	X	X		X		X	X	X	X	X	X	X

Différentes Campagnes	DCO brute	Débits	DCO Surnageant 15 minutes	DCO filtré	MEST	Turbiditée	Ammonium	COT	pH	Conductivité	Fluorescence	Spectro UV
Fléville Nord												
Lundi_11/04/2011	X			X	X	X	X	X	X	X	X	X
Mercredi_17/08/2011 Vacances d'été	X			X	X	X	X	X	X	X	X	X
STEP de Nancy												
Mardi_24/11/2009				X	X	X	X	X	X	X	X	X
Mardi_08/12/2009				X	X	X	X	X	X	X	X	X
Mardi_05/01/2010				X	X	X	X	X	X	X	X	X
Mardi_23/03/2010				X	X	X	X	X	X	X	X	X
Dimanche_28/03/2010				X	X	X	X	X	X	X	X	X
Lundi_31/05/2010				X	X	X	X	X	X	X	X	X
Mercredi_30/06/2010 Entrée				X	X	X	X	X	X	X	X	X
Mercredi_30/06/2010 Sortie				X	X	X	X	X	X	X	X	X
Mardi_07/06/2011	X			X	X	X	X	X	X	X	X	X
Mercredi_15/06/2011	X			X	X	X	X	X	X	X	X	X
Lundi_27/06/2011 Entrée	X			X	X	X	X	X	X	X	X	X
Lundi_27/06/2011 Sortie		X		X	X	X	X	X	X	X	X	X
Lundi_24/10/2011 Entrée		X		X	X	X	X	X	X	X	X	X
Lundi_24/10/2011 Sortie		X		X	X	X	X	X	X	X	X	X
STEP Pont à Mousson												

ANNEXES

Différentes Campagnes	DCO brute	Débits	DCO Surnageant 15 minutes	DCO filtré	MEST	Turbiditée	Ammonium	COT	pH	Conductivité	Fluorescence	Spectro UV
Mercredi_30/03/2011 Entrée	X			X	X	X	X	X	X	X	X	X
Jeudi_31/03/2011 Sortie					X	X	X	X	X	X	X	X
Lundi_14/11/2011 Entrée	X			X	X	X	X	X	X	X	X	X
Lundi_14/11/2011 Sortie	X				X	X	X	X	X	X	X	X

Annexe 2 : Des paramètres polluants mesurés par campagnes de prélèvement et par différents sites de mesure (2)

Différentes Campagnes	Potassium	Sodium	Calcium	Ammonium	Magnésium	Chlorure	Phosphate	Sulfate	Nitrate	Carbonate	Métaux bruts	Métaux filtrée	Terres rares
Brabois													
Mardi_15/06/2010	X	X	X	X	X	X	X	X	X		X		
Mardi_22/06/2010	X	X	X	X		X	X	X	X	X			
Lundi_04/07/2011	X	X	X		X	X	X	X	X		X		X
Mardi_22/11/2011						X	X	X	X				
Clairlieu													
Lundi_12/07/2010	X	X	X	X	X	X	X	X	X				
Lundi_19/07/2010	X	X	X	X	X	X	X	X	X				
Lundi_22/11/1010	X	X	X	X		X	X	X	X		X		
Mardi_22/02/2011	X	X	X	X		X	X	X	X	X		X	
Lundi_07/03/2011	X	X	X	X		X	X	X	X	X	X		X
Vacances d'hiver	X					X	X	X	X	X	X		X

ANNEXES

Différentes Campagnes	Potassium	Sodium	Calcium	Ammonium	Magnésium	Chlorure	Phosphate	Sulfate	Nitrate	Carbonate	Métaux bruts	Métaux filtrée	Terres rares
Dimanche_13/03/2011 Vacances d'hiver	X	X	X	X		X	X	X	X	X	X		X
Lundi_04/07/2011	X	X	X	X	X	X	X	X	X	X	X		
Mardi_22/11/2011						X	X	X	X				
Fléville													
Mercredi_01/09/2010	X	X	X	X	X	X	X	X	X	X	X		
Lundi_24/01/2011	X	X	X	X		X	X	X	X	X			X
Lundi_11/04/2011	X	X	X	X	X	X	X	X	X	X	X		
Mercredi_17/08/2011 Vacances d'été						X		X			X		X
Mardi_17/07/2012 vacances d'été	X	X	X	X	X	X	X	X	X				
Fléville Nord													
Lundi_11/04/2011	X	X	X	X	X	X	X	X	X	X	X		
Mercredi_17/08/2011 Vacances d'été	X					X		X			X		X
STEP Nancy													
Mardi_24/11/2009	X	X	X	X	X	X	X	X		X			
Mardi_08/12/2009	X	X	X	X	X	X	X	X	X	X			
Mardi_05/01/2010	X	X	X	X	X	X	X	X	X	X			
Mardi_23/03/2010	X	X	X	X	X	X	X	X	X				
Dimanche_28/03/2010	X	X	X	X	X	X	X	X	X				
Lundi_31/05/2010	X	X	X	X	X	X	X	X	X		X	X	
Mercredi_30/06/2010 Entrée	X	X	X	X	X	X	X	X	X				

Différentes Campagnes	Potassium	Sodium	Calcium	Ammonium	Magnésium	Chlorure	Phosphate	Sulfate	Nitrate	Carbonate	Métaux bruts	Métaux filtrée	Terres rares
Mercredi_30/06/2010 Sortie	X	X	X	X	X	X	X	X					
Mardi_07/06/2011	X	X	X	X	X	X	X	X	X				
Mercredi_15/06/2011	X	X	X	X	X	X	X	X	X				
Lundi_27/06/2011 Entrée	X	X	X	X	X	X	X	X	X		X		X
Lundi_27/06/2011 Sortie	X	X	X	X	X	X	X	X	X				
Lundi_24/10/2011 Entrée						X	X	X	X		X		
Lundi_24/10/2011 Sortie						X		X	X				
Pont à Mousson													
Mercredi_30/03/2011 Entrée	X	X	X	X	X	X	X	X	X	X	X		X
Jeudi_31/03/2011 Sortie						X	X	X	X	X			
Lundi_14/11/2011 Entrée						X		X			X		x
Lundi_14/11/2011 Sortie						X		X	X				

Annexe 3 : Données INSEE sur les communes étudiées

Commune étudiée	Fléville-devant-Nancy (54197)	Ludres (54328)	Pont-à-Mousson (54431)
Population			
Population en 2009	2 372	6 548	14 466
Densité de la population (nombre d'habitants au km²) en 2009	320,5	800,5	669,7
Superficie (en km²)	7,4	8,2	21,6
Variation de la population : taux annuel moyen entre 1999 et 2009, en %	-1	-0,4	-0,1
dont variation due au solde naturel : taux annuel moyen entre 1999 et 2009, en %	0,2	0,3	0,4
dont variation due au solde apparent des entrées sorties : taux annuel moyen entre 1999 et 2009, en %	-1,2	-0,7	-0,5
Nombre de ménages en 2009	959	2 571	6 057
Naissances domiciliées en 2011	15	52	197
Décès domiciliés en 2011	14	49	142
Logement			
Nombre total de logements en 2009	981	2 654	6 920
Part des résidences principales en 2009, en %	97,7	96,9	87,5
Part des résidences secondaires (y compris les logements occasionnels) en 2009, en %	0,2	0,1	0,3
Part des logements vacants en 2009, en %	2,1	3	12,2
Part des ménages propriétaires de leur résidence principale en 2009, en %	88,8	73,1	45,8
Revenus			
Revenu net déclaré moyen par foyer fiscal en 2009, en euros (1)	32 169	30 757	20 034
Foyers fiscaux imposables en % de l'ensemble des foyers fiscaux en 2009 (1)	74,2	70,1	50,1
Médiane du revenu fiscal des ménages par unité de consommation en 2010, en euros (2)	24 632	24 052	17 180
Emploi - Chômage			
Emploi total (salarié et non salarié) au lieu de travail en 2009	1 501	6 912	8 136
dont part de l'emploi salarié au lieu de travail en 2009, en %	94	94,9	92,2

Commune étudiée	Fléville-devant-Nancy (54197)	Ludres (54328)	Pont-à-Mousson (54431)
Variation de l'emploi total au lieu de travail : taux annuel moyen entre 1999 et 2009, en %	5,3	2,6	0,5
Taux d'activité des 15 à 64 ans en 2009	68,3	71	70,9
Taux de chômage des 15 à 64 ans en 2009	4,6	5,6	14,8
Nombre de demandeurs d'emploi de catégorie ABC au 31 décembre 2011 (1)	89	270	1 076
dont demandeurs d'emploi de catégorie A au 31 décembre 2011	59	175	766
Établissements			
Nombre d'établissements actifs au 31 décembre 2010	169	640	1 076
Part de l'agriculture, en %	2,4	1,3	1,4
Part de l'industrie, en %	13,6	9,5	6,1
Part de la construction, en %	6,5	9,2	7,7
Part du commerce, transports et services divers, en %	69,2	64,8	63,8
dont commerce et réparation automobile, en %	26	22	22,6
Part de l'administration publique, enseignement, santé et action sociale, en %	8,3	15,2	20,9
Part des établissements de 1 à 9 salariés, en %	34,3	29,8	34,2
Part des établissements de 10 salariés ou plus, en %	27,8	20,6	10,4

Annexe 4 : Quelques remarques sur la condition météo des jours du prélèvement de mesure.

Date de campagne	Journée	Météo
24/11/2009	mardi	temps maussade, nuage avec du vent, humidité 70%, température 10-19 C°, un jour d'avance étais pluie faible
08/12/2009	mardi	perturbation, nuage, température 2-8 C°, humidité 80%, un jour d'avance était pluie un peu
05/01/2010	mardi	chute la neige, brouillard, pluie un peu, température -8-(-2) C°, humidité 50-60%, un jour avance était sec, nuage un peu ensoleillé
23/03/2010	mardi	ensoleillé, humidité 67%, température -3-16 C°, brouillard en matinée, un jour d'avance était sec et nuage un peu
28/03/2010	dimanche	sec, un peu pluie, perturbation avec nuageux et pluvieux, humidité 70%, température 7-10 C°, un jour d'avance était en averse.
31/05/2010	lundi	humidité 82%, température 7-12 C°, nuage, un peu pluie et vent, un jour d'avance était en nuage

15/06/2010	mardi	température13-23 C°, humidité 50-60%, sec, nuage, un jour d'avance était pluie faible, et nuage
22/06/2010	mardi	beau temps, température 10-22 C°, humidité 40-50% un jour d'avance était partiellement nuageux, mais sec
30/06/2010	mercredi	ensoleillée, un peu nuage, température 17-28 C°, sec, humidité 40%, un jour d'avance était en sec et ensoleillée (quelque fois il était des orages).
12/07/2010	lundi	température 16-26 C°, humidité 50-60%, nuage, pluie faible, un jour d'avance était sec, partiellement nuageuse
19/07/2010	lundi,	ensoleillé, sec, température15-26 C°, humidité 40-50% un jour avant ensoleillé.
01/09/2010	mercredi	ensoleillé, température 9-20 C°, humidité 60-70%, sec, un éclairement, un jour avant en sec, en nuageuse épars.
22/11/2010	lundi	nuage et un peu pluie, température (-1)-3 C°, humidité 80-90%, un jour avant nuage, pas pluie.
24/01/2011	lundi	température 1-4 C°, pluie faible, un peu neige, nuage épars, humidité 80-90%, un jour avant en nuageuse partiellement.
22/02/2011	mardi	, nuage, température (-1)-2 C°, humidité 70-80%, un jour avant en partiellement nuageuse.
07/03/2011	lundi	vacance d'hiver, ensoleillé, sec, température -1-9 C°, humidité 30-40%, un jour avant en sec, un peu nuage, pas pluie
13/03/2011	dimanche	en vacances d'hiver, température 8-13 C°, humidité 80-90%, nuage, pluie, un jour avant en nuage épars
30/03/2011	mercredi	condition météo averses, partiellement nuageuse, température 8-14 C°, humidité 70-80%, un jour avant en sec, nuage épars.
11/04/2011	lundi	température 12-23 C°, humidité 50-60 %, claire, sec, un peu nuage, un jour avant était en sec, éclairement
07/06/2011	mardi	température 17-26 C°, condition de météo averses, nuage épars, humidité 50-60%
15/06/2011	mercredi	température 12-24 C°, humidité 50%, nuage, un peu pluie, un jour d'avance était un peu pluie faible, et nuage
27/06/2011	lundi	température 17-34 C°, ensoleillé, sec, humidité 40%, un jour d'avance était claire, sec.
04/07/2011	lundi	ensoleillé, claire entière, température 14-26 C°, humidité 40%, un jour avant était ensoleillé, sec
17/08/2011	mercredi	en vacances d'été, température 17-27 C°, ensoleillé, brouillard, un peu nuage, humidité 40-50 %, un jour avant n'était pas pluie, claire, sec
24/10/2011	lundi	humidité 83-90%, température 2-6 C°, nuage, vent, 6 heurs dernières pluie, un jour avancé était sec.
14/11/2011	lundi	nuage pluie épars, humidité 93-90%, température 1-4 degré, un jour avancé était nuage, sec
22/11/2011	mardi	nuage épars, humidité 81-95%, température 2-7 C°, un jour d'avance est sec

Annexe 5 : Variations de la concentration en ions ammonium et en DCO, sur des échantillons d'eaux usées prélevés des sites étudiés lors de différentes campagnes

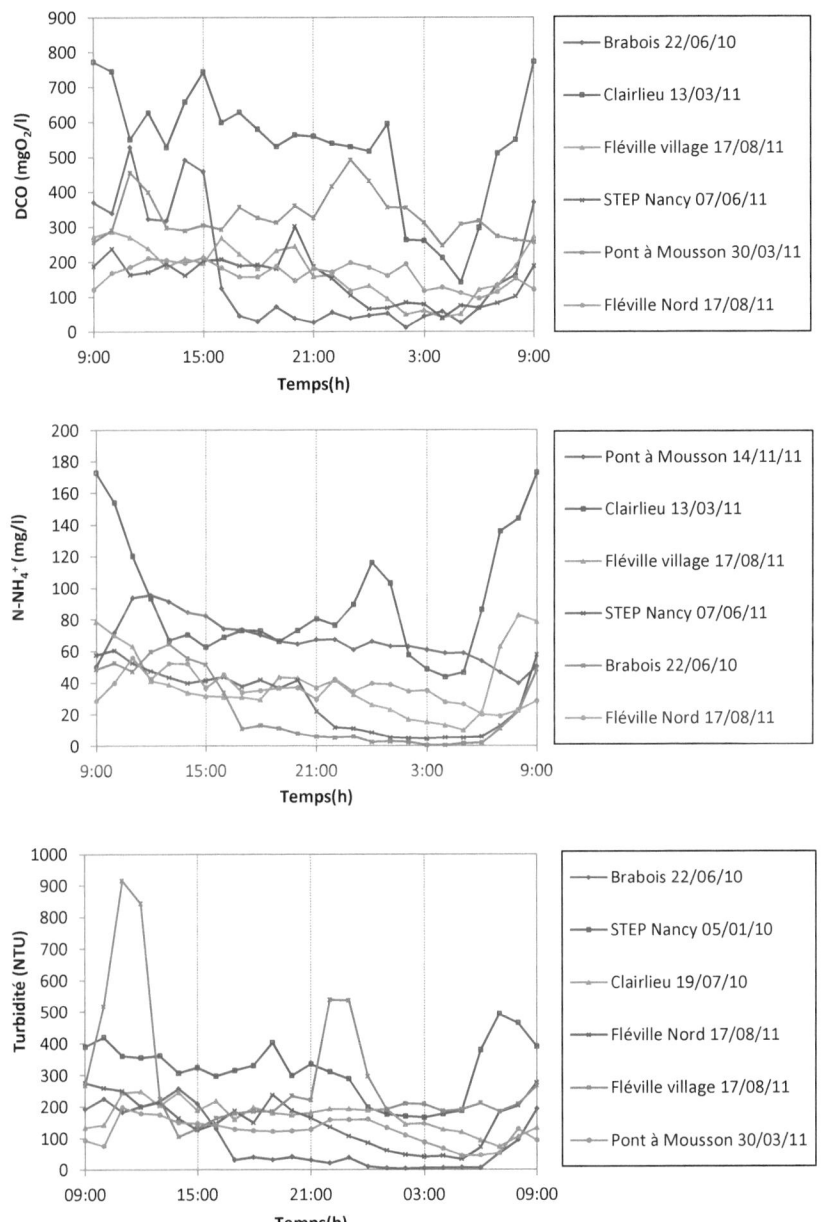

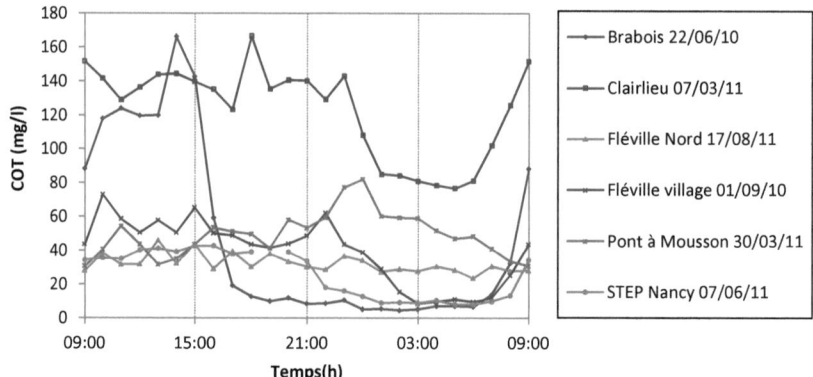

Annexe 6 : Evolutions au cours du temps de différents paramètres mesurés sur des échantillons prélevés à Brabois

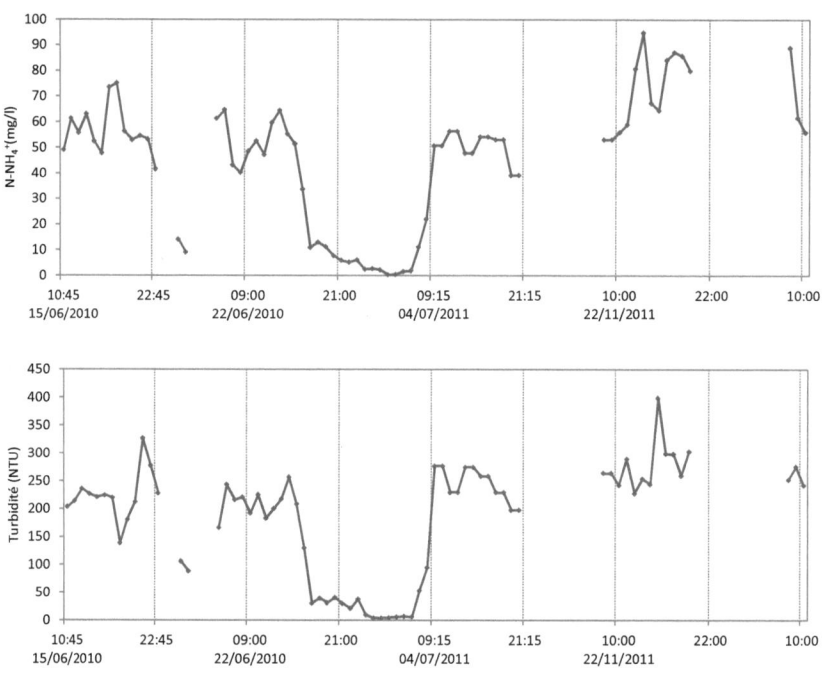

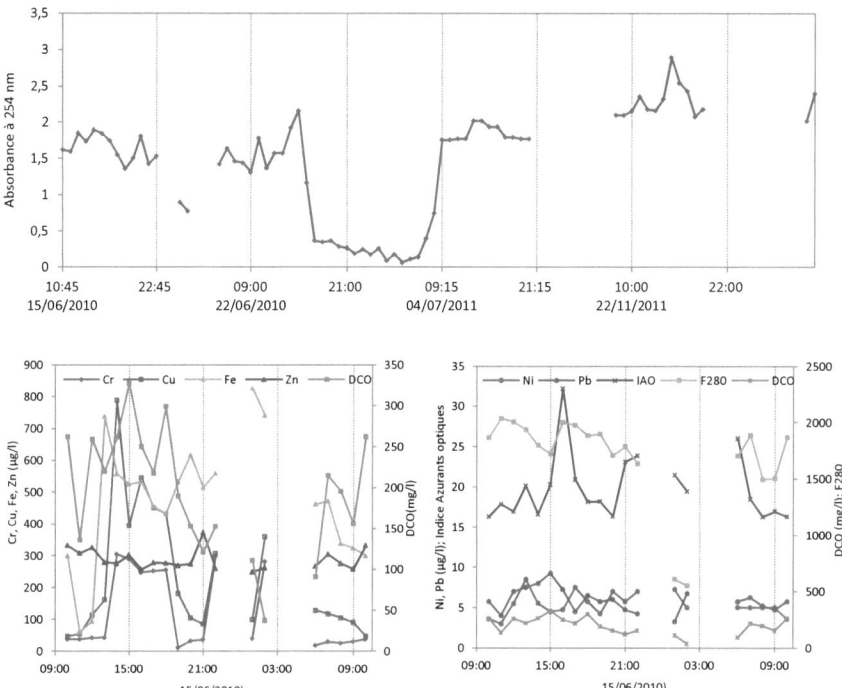

Annexe 7 : Evolutions au cours du temps de différents paramètres mesurés sur des échantillons prélevés à Clairlieu

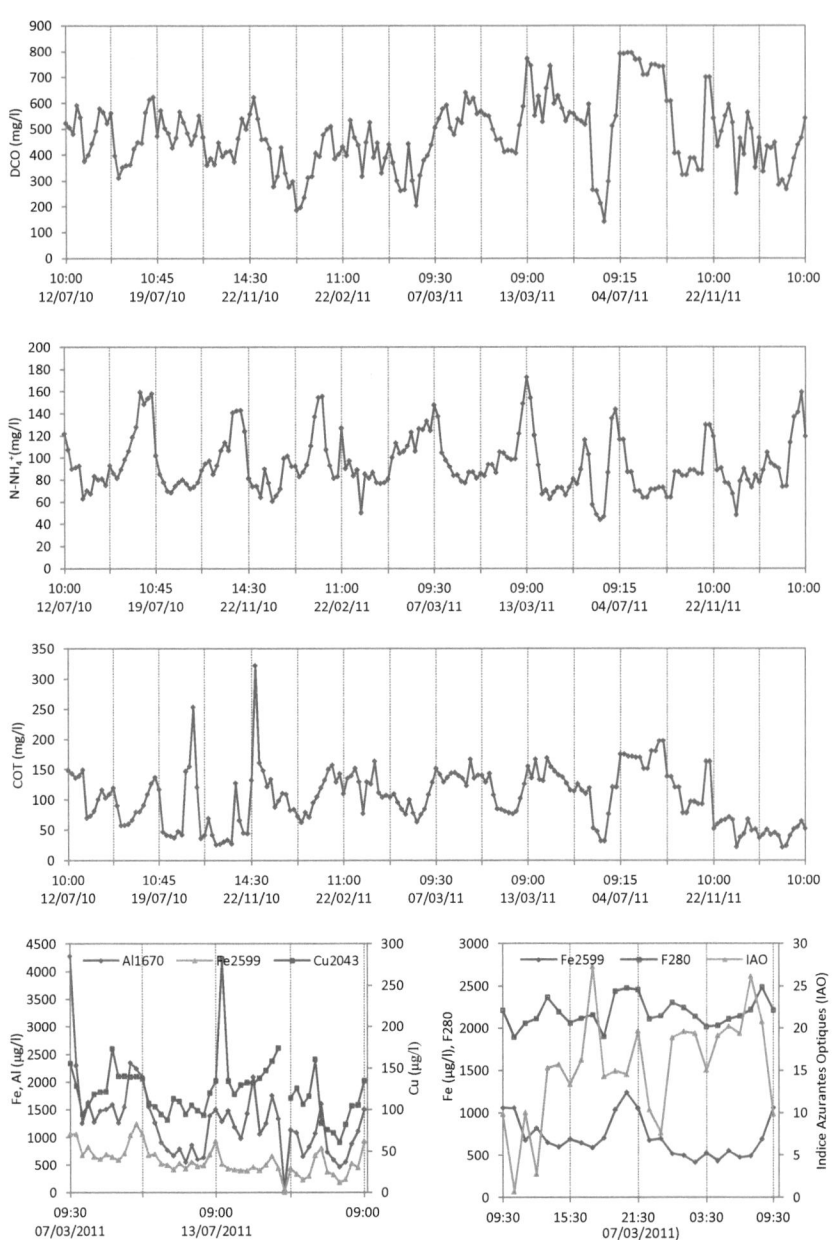

Annexe 8 : Evolutions au cours du temps de différents paramètres mesurés sur des échantillons prélevés à Fléville village

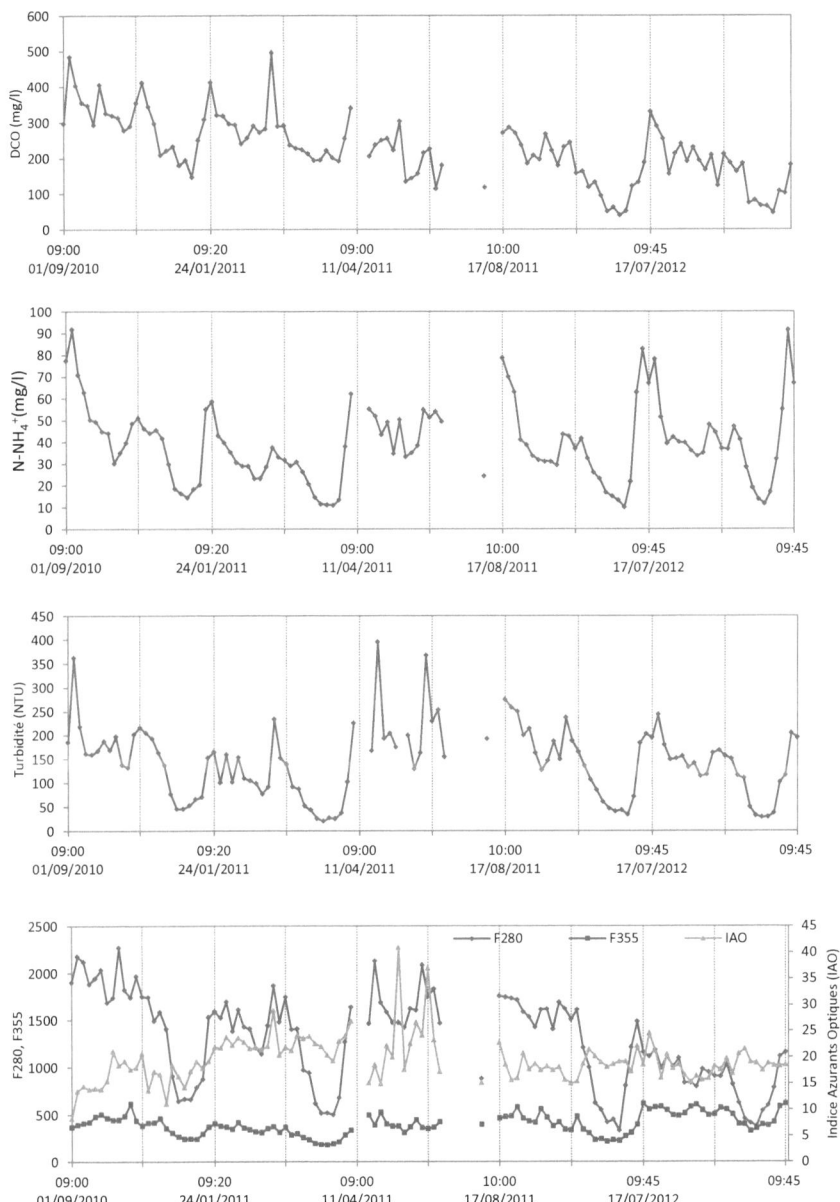

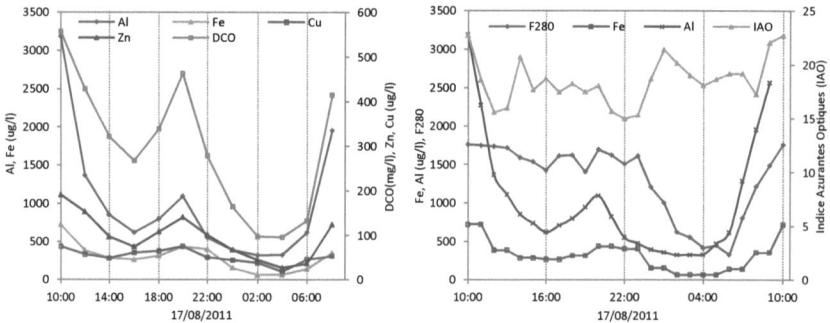

Annexe 9 : La différence entre la concentration des polluants émis par la zone résidentielle (Fléville village) et par la zone mixte (résidentielle+industrielle) (Fléville Nord) au jour du prélèvement 17/08/2011.

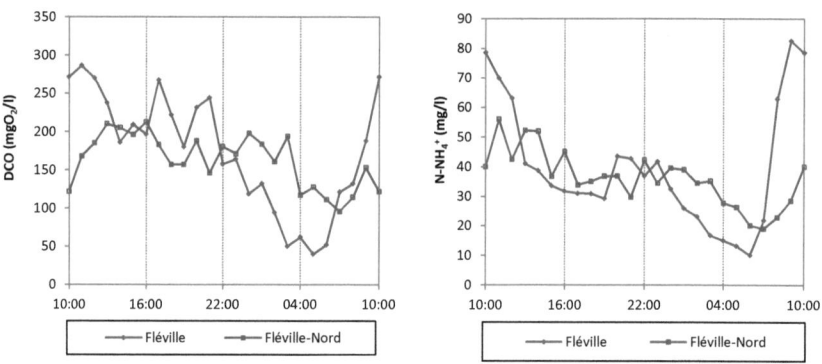

Annexe 10 : Evolutions au cours du temps de différents paramètres mesurés sur des échantillons prélevés à STEP de Nancy

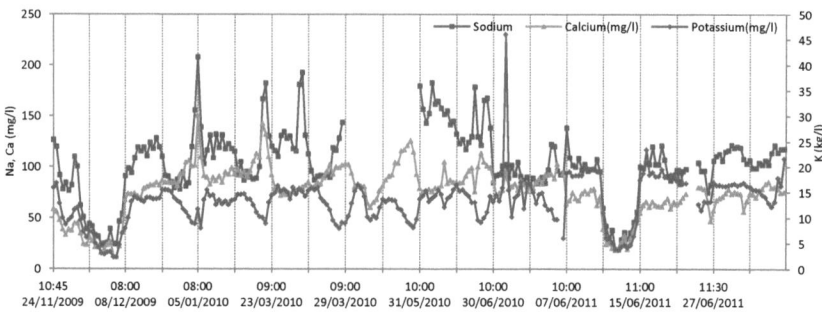

149

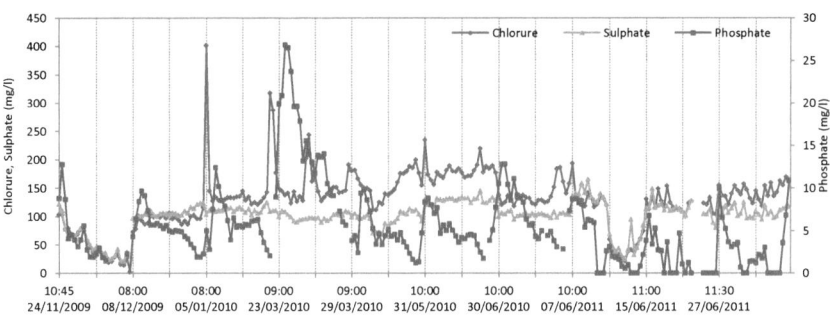

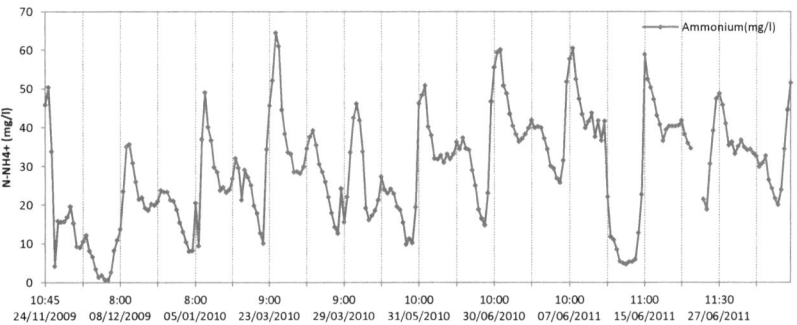

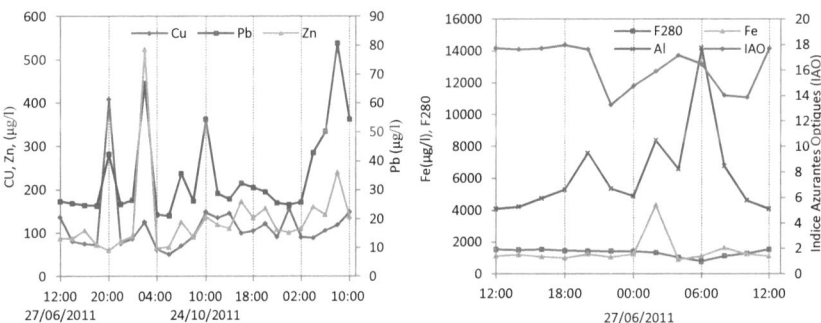

Annexe 11 : Evolutions au cours du temps de différents paramètres mesurés sur des échantillons prélevés le 30 mars 2011 à STEP de Pont-à-Mousson

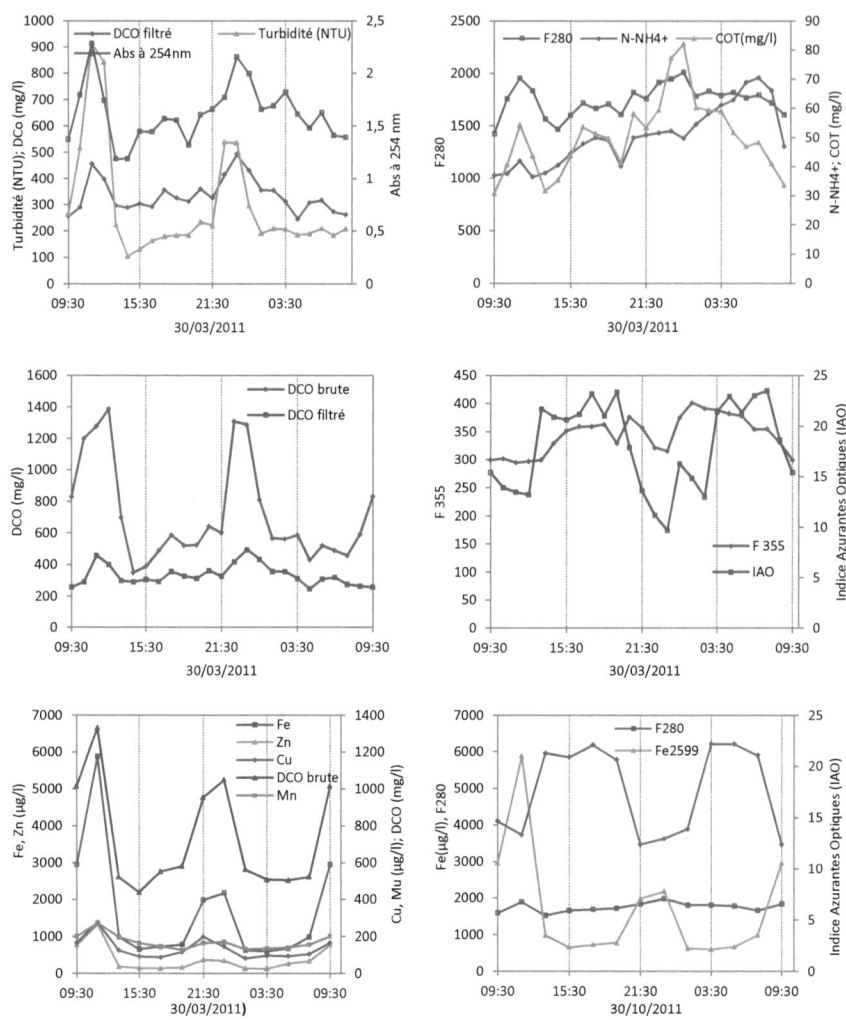

Annexe 12 : Le réseau d'assainissement du Grand Nancy (la donnée SIG, 2010)

Annexe 13 : L'article qui a soumis à Water Science and Technology

Wastewater macropollutant and micropollutant dynamics with respect to catchment population structure

N.D. Le[1,2], X. France[2], S. Pontvianne[1], H. Poirot[1], J.P. Leclerc[1], M.N. Pons[1*]

1: Laboratoire Réactions et Génie des Procédés (UMR CNRS 7274), Université de Lorraine, 1 rue Grandville, BP 20451, F-54001 Nancy cedex, France

2: GEMCEA, 149 rue Gabriel Péri, F-54500 Vandoeuvre-les-Nancy, France

*Corresponding author: tel: +33 383175277, mail: marie-noelle.pons@univ-lorraine.fr

Abstract

In order to relate population structure and activity to wastewater volume and composition, field trials were set up at the outlet of two urban catchments (a residential only and a residential with commercial and industrial activities) with different population structures. Macropollution (C, N-NH$_4$, P) and metal micropollution (Na, K, Mg, Ca, Cu, Zn, Mn, Fe, Al) were considered. In the residential only catchment a diurnal pattern with a morning peak (at 10:00) and an evening peak (at 20:00 corresponding to dinner time) was observed whatever the season. The pattern was much less clear for the second catchment. No clear difference was observed along the year: summer days, where daily mobility out of the catchments should be reduced where similar to the patterns observed in other seasons. For both catchments N-NH$_4$ (from urine) and COD (from urine and greywater) were correlated with Cu, Zn, Al, Fe and Mn and metals (Cu, Zn, Al, Fe and Mn) but not with alkaline earth metals (Na, K, Mg and Ca). It seems that the observed diurnal pattern should not only be associated to work mobility but that school mobility as well as the general lifestyle pattern of the population should be taken into account.

Keywords: grey water, metals, pollution, population mobility

Introduction

Municipal wastewater treatment plants (WWTP) are usually designed based on an average load calculated from the number of inhabitants in the catchment and the pollution load they are assumed to generate. In France it corresponds to 80 g suspended solids/pe/day, 60 g BOD_5/pe/day (BOD = Biological Oxygen Demand), 15 g N/pe/day, 4 g P/pe/day for 150 to 250 l of water (Dec 10, 1991 French decree). However these loads are not generated homogenously along the day, the week or the year. A better consideration of the dynamics is needed when control of wastewater treatment systems (source control, sewer or WWTP) is the final aim. In general a diurnal pattern is assumed (De Keyser et al. 2010), Gernaey et al., 2011), with morning and evening peaks and minimal loads at night and midday, which can be modeled by combining periodic functions (Bechmann et al., 1999). The main assumption is that the peaks correspond to the activities of inhabitants going to or coming back from work.

Different patterns have been observed in Japan (Kim et al., 2009) with a sharp morning peak for all the variables (flow, suspended solids, Chemical Oxygen Demand (COD) and nitrogen) but also clear secondary maxima at mid-day and in the evening for the flow, in the evening only for suspended solids, at midday only for nitrogen species. Indicator bacteria (coliforms and *E. coli*) exhibited a discharge pattern similar to the one of nitrogen species. At the European level, the timing, the importance and the composition of meals (breakfast, lunch and dinner) differ between countries (Roos and Prättälä, 1997; de Castro et al., 1997; de Castro, 2004). Furthermore modern household equipment such as dish or laundry washing machines can be activated by clock-setting, without human attendance. These differences in lifestyle could have an effect on wastewater characteristics.

Nowadays the fate of micropollutants along the wastewater collection and treatment systems is also raising concerns. A better *a priori* knowledge of the micropollutants discharge would be useful if source control and treatment should be developed, in response to stricter WWTP effluent quality requirements. For pharmaceuticals and PPCPs (such as musks), a global diurnal pattern is generally found with a lower discharge rate during the night but with a high variability between the different days of the week (Salgado et al, 2011). Due to the cost of these micropollutant analyses it is difficult to run extended sampling campaigns. For example 8h-composite samples were taken by Joss et al. (2005), Göbel et al. (2005) and Plósz et al. (2010). A diurnal model has been suggested by Ort and Gujer (2008) in their modeling of the adsorption of some micropollutants (carbamazepine, diclofenac and tonalide) in sewers. A set of 50 patterns at different time-scale was designed by de Keyser et al. (2010) to describe pollutant release in urban areas. Information on the population structure and lifestyle would certainly help to improve these models. Such an approach has been considered to investigate residential heating consumption (de Meester et al., 2013) but not, to the best of our knowledge, for wastewater production.

To work in that direction, macropollution (C, N and P) and micropollution (alkaline earth metals, heavy metals) daily patterns were monitored on two urban catchments with different population structure and the results are discussed in function of available information on population activity.

Materials and methods

Catchments description

Figure 1 gives a schematic representation of the two catchments under consideration. Fléville (≈2400 inh.) and Ludres (≈ 6500 inh.) are two communes of Greater Nancy, a 266 000 urban community in the North-East of France. Fléville is geographically divided into two sectors: the old village, with some very new subdivisions (FV) and Fléville Nord (FN), a subdivision north of the village center where 288 semi-detached houses were built between 1971 and 1973. Fléville has a kindergarten (for 2-5 yrs old children and a primary school (for 6 – 10 yrs old children) (189). Ludres has four kindergartens, four primary schools (546) and a junior high-school (for 11-14 yrs old children, 434). Both communes are sharing an industrial and commercial park with 330 enterprises and about 8000 employees. The F-ZI wastewater pumping station collects the Ludres and industrial park wastewater. The sewer network is about 50% separated. The FN pumping station serves Fléville, Ludres and the industrial park. Each wastewater pumping station is equipped with three pumps (nominal flowrate = 50 m^3/s), which work alternatively. Pumping as well as rainfall data were provided by the Greater Nancy Sanitation Department.

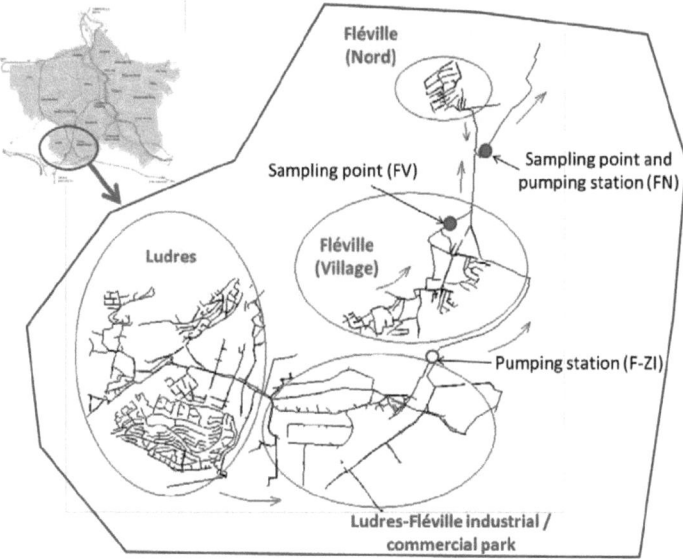

Figure 1: Schematic representation of the catchments

The data relative to the population (population, mobility, schedule, etc.) were obtained from the National Institute for Statistics and Economic Studies (INSEE) (http://www.insee.fr). Those relative to the schooling system were obtained from the regional database of the Ministry of education (http://www.ac-nancy-metz.fr). The quality parameters of the surface water used for potable water production (Moselle river) were found on the

Rhin-Meuse Water Board information system (http://rhin-meuse.eaufrance.fr/), as well as those related to the Greater Nancy influent wastewater. Drinking water data was extracted from the 2011 report on Greater Nancy water and wastewater services.

Sampling

The samples were collected over periods of 24 hours with automated samplers (ISCO, Ponsel Mesure, Caudan, France) (24 1-liter samples with a subsample collected every 15 min) at two sampling points: FV which corresponds to the village center and collects only residential wastewater and FN which corresponds to the totality of the Fléville and Ludres residential wastewater and the industrial and commercial park wastewater. Sampling with organized on dry weather days (at least based on weather forecast) preceded by three to four dry weather days (minimum = 3 to 4 days). An ultra-sound Doppler 2150 flowmeter (ISCO) was installed close to the FV sampling point. Five dry-weather sampling campaigns will be discussed: Sept. 1-2, 2010 (FV); Jan. 24-25, 2011 (FV); April 11-12, 2011 (FV and FN), Aug. 17-18, 2011 (FV and FN); July 17-18, 2012 (FV).

Analytical procedures

pH (PHM 210, Radiometer), conductivity (CDM 210, Radiometer), turbidity (light transmission at 425 nm on a DR2400 spectrophotometer (Hach, Loveland, Colorado), with a calibration curve prepared with formazine), COD (Hach method 8000) and metals were measured on the raw samples. After filtration (paper filter with a pore diameter of 100μm) the samples were analyzed for ammonium (Nessler Hach method 8038 adapted for small volumes), filtrated COD (Hach method 8000) and Dissolved Organic Carbon (DOC) (Type VCSN, Shimadzu, Marne-la-Vallée, France) and optical properties. The samples were then filtrated with 0.45μm pore diameter filter for major ions analysis (Dionex, Thermo Scientific, Villebon-sur-Yvette, France). For metals analysis, two-hour composite samples were formed. An aliquot of each of them (20 mL) was digested in presence of 65% nitric acid (5 mL) at 180°C for 1 hour in a microwave system. The digested sample volume was diluted with ultra-pure water to 50 mL, filtrated at 0.45μm and analyzed by ICP-OES (Thermo Scientific). UV-vis spectra were collected on an Anthélie Light spectrophotometer (SECOMAM, Domont, France) in a quartz cuvette (path length = 1 cm) between 200 and 600 nm. Synchronous fluorescence spectra were collected on a F-2500 (Hitachi, Mannheim, Germany) spectrofluorometer in a PMMA cuvette (path length = 1 cm) with a difference of 50 nm between excitation and emission and an excitation wavelength varying between 230 and 600 nm. Tryptophan-like fluorescence (F-T) (excitation = 280 nm) and humic-like fluorescence (F-H) (excitation = 355 nm) intensities were extracted from these spectra. Ultra-pure water was used for blanking in all analyses.

Results and discussion

Population structure

Figure 2 shows the evolution of the age distribution for the commune of Fléville between 1968 and 2010 (legal population). After a strong increase between 1968 and 1975 (due to the building of the Fléville-Nord subdivision), the population has decreased by 9% between 1999 and 2010 with a global aging. The age distributions in Fléville and Ludres (Figure 3) are very similar. The larger number of very old people in Ludres is related to the presence of a retirement home. Based on the data related to work and school mobility for Fléville and Ludres inhabitants, a classification of the population into classes of presence and activity is proposed in Table 1. Most of the children (N_{CHI}) will attend schools in their own commune (189 and 546 seats available in Fléville and Ludres respectively, with on-site canteens serving hot meals) and are therefore assumed to be present all the time in the catchment. Not all the Fléville and Ludres teenagers (N_{TEEN}) can be schooled in Ludres as the junior school has only 434 seats. The Fléville teenagers are assumed to be present early mornings, evenings and nights during the week and all the day during the week-end. The situation is slightly more complex in Ludres for the teenagers as 434 of them (either from Ludres or from other neighboring communes) are present during the week day. The Fléville and Ludres students (N_{STU}) are assumed to be present in the catchment early mornings, evenings and nights during the week and all the day during the week-end. The retirees (50% of the inhabitants between 55 and 65 years old and all those older than 65 years) (N_R) are assumed to be present days and nights in their villages. Three different classes of working people have been defined:

- The inhabitants working in their village and present all day long (N_{W1})
- The inhabitants working outside of their village and present early mornings, evenings and nights during the week and all the day during the week-end (N_{W2})
- People coming from outside to work in the village and present only during the day on working days (N_{W3})
- Others non-working people present all day long (N_O)

Table 1: Structure of the population in Fléville and Ludres, in number and in percentage of the legal population (2360 inh. for Fléville and 6460 inh. for Ludres) for a normal week day

Definition	Variable	Fléville		Ludres	
		Nb	%	Nb	%
Children (< 11 yrs)	N_{CHI}	211	8.9	581	9.0
Teenagers (11 – 14 yrs)	N_{TEEN}	249	10.6	543	8.4
Students (high school and university)	N_{STU}	162	6.9	510	7.9
Inhabitants working in the village	N_{W1}	135	5.7	556	8.6
Inhabitants working outside of the village	N_{W2}	921	39.0	2689	41.6
Working people coming from other communes	N_{W3}	1,315	55.7	6,236	96.5
Retirees	N_R	626	26.5	1,295	20.0
Others	N_O	165	7.0	460	7.1

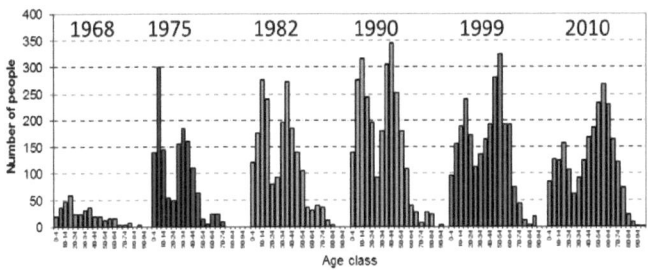

Figure 2: Evolution of the age distribution at Fléville between 1968 and 2010 (permanent inhabitants)

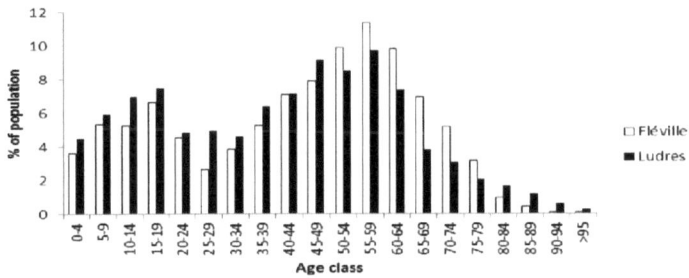

Figure 3: Age distribution in Fléville and Ludres (permanent inhabitants)

In Figure 4 the number of people present has been plotted versus the time of the day for the communes of Ludres and Fléville (including the industrial and commercial zones) and the part of the catchment corresponding to the sampling point FV: there is almost no working activity in the village itself and the people working in Fléville work in fact in the industrial and commercial park and will not participate to the generation of the residential wastewater in Fléville Village itself. Figure 4 shows that depending upon the population structure and activity, the number of inhabitants in a catchment can be constant, decrease or even increase during the day. Globally during daytime in a normal weekday, the population present in Fléville Village represents 40% of its legal population, when the population concerned by the sampling point FN represents 140% of the legal population on the communes of Ludres and Fléville. During summer school break (July and August sampling dates) there is no daily mobility of children, teens and students. According to INSEE 40% (± 10%) of working people will be on holidays between mid-July and mid-August (Biausque et al., 2012). It does not mean however that they all leave the catchments for the whole period (Dauphin and Tardieu, 2007).

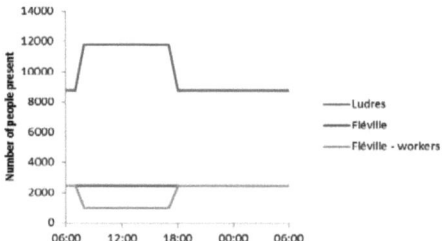

Figure 4: Number of people present in in function of the time of the day

Wastewater flowrate

Due to the size and shape of the sewer at sampling point FV, the setting of the flowmeter was difficult and the water height data could not be transformed with enough confidence into flowrates. Figure 5a gives an example of the water height data where the diurnal pattern is visible, with a first maximum at 10:00 and a second one at 20:30. Using the on-off pumping data, the hourly flowrate was estimated for F-ZI and FN. The difference should be the wastewater flowrate corresponding to Fléville Village. A diurnal pattern was also observed for both pumping stations, with maxima at 11:00 and 21:00 (Figure 5b). However the large peak observed at the FN pumping station on Sept 2, 2010 could not be explained. The average daily wastewater flowrates observed during the five sampling campaigns are listed in Table 2. The larger value observed for F-ZI in January 2011 could be partially attributed to infiltration due to the height of the water table in winter. The wastewater volume generated by Fléville Village is of the same order of magnitude during the year: however a decrease of about 25% was observed in July 2012. In order to validate these flowrates, they were compared to the average hourly potable water flowrate distributed by Greater Nancy in 2011: 14.4 m³/h for Fléville and 63.1 m³/h for Ludres, which is in good agreement with Table 2. Based on the number of permanent inhabitants, this gives a daily potable water consumption of 157 L/pe/d (Fléville) and 234 L/pe/d (Ludres). The larger apparent consumption observed for Ludres is due to the commercial and industrial park. Based on an individual consumption of 150 L/d, the equivalent population of Ludres would be 10,000 inhabitants, in agreement with Figure 4.

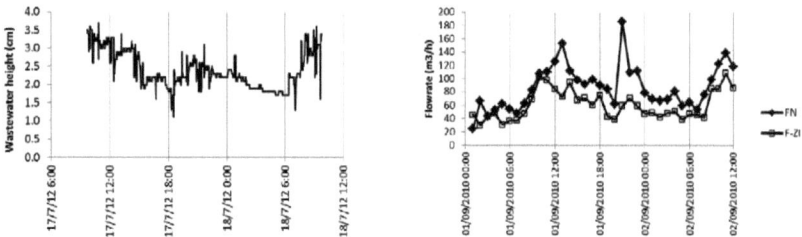

Figure 5: a) Wastewater height in the sewer at the FV sampling point (July 17-18, 2011). B) Hourly flowrates at the FN and F-ZI pumping station for Sept 1-2, 2011

Table 2: Average hourly wastewater flowrates observed at the FN and F-ZI pumping stations. n.a. =
non available (due to data transmission default on Jan 24, 2011 for FN pumping station)

Date	Sept 1, 2010	Jan 24, 2011	April 11, 2011	Aug 17, 2011	July 17, 2012
FN (m^3/h)	89	n.a.	90	75	83
F-ZI (m^3/h)	62	101	64	50	64
Difference	27		26	25	19

Wastewater pollution

In Figure 6 the variations with respect to time of COD and N-NH$_4$ have been plotted for the different sampling days. Toilets are the main source of nitrogen (>95% according to Gray et al., 2002): 90% of this nitrogen originates from urine, as urea, which is excreted by the human body, is very rapidly transformed into N-NH$_4$ (Table S1). The origin of COD is more balanced between greywater (kitchen, laundry and bath/shower) and toilets (40% and 60% respectively, according to Gray et al. (2002)). The data for FV on April 11-12, 2011 are not shown as the wastewater flow was not sufficient during most of the night to operate correctly the sampler. For Fléville Village COD and N-NH$_4$ show a clear diurnal pattern with a peak for N-NH$_4$ larger in the morning (around 10:00) than in the evening (around 20:00). The evening peak corresponds to dinner time, according to French lifestyle. The large increase of COD at FN on April 12th is due to a short rain event (8 mm/h between 5:15 and 5:30) and should not be considered. Because of this rain COD increases before N-NH$_4$ in the morning of that day. The diurnal pattern with two peaks is less visible at the FN sampling point for COD on April 11-12, 2011 and COD and N-NH$_4$ on Aug 17-18, 2011. This could be an effect of the large population increase in that catchment during the day. The daily average N-NH$_4$ and COD concentrations do not change in function of the season: 40 mg N/L and 300 mg COD/L. In Table 3 the coefficients of correlation have been calculated between the different pollution parameters. High coefficients are generally obtained between the classical pollution parameters for Fléville Village, indicating that the different types of pollution described by these parameters are discharged simultaneously. The N-NH$_4$/COD average ratio for the five sampling campaigns is 0.17 mg/mg (coefficient of variation = 48%), higher than the average value found for N/COD for France in a 2004 survey (0.094 mg/mg) (Pons et al., 2004). For phosphorus, lower coefficients of correlation are obtained with COD than with N-NH$_4$. Gray et al. (2002) assume than more than 85% of phosphorus is released through toilets (i.e. 4 g/pe/day). In a more recent study conducted in UK, Comber et al. (2013) gives a value of 1.4 g/pe/day excreted through urine and faeces which represents 60% of the total phosphorus discharge. The other sources are laundry detergents (14%, decreasing), dishwashing detergents (9%, increasing) and P-dosing to avoid lead problems (6%). In Fléville Village, the average daily phosphorus concentration varies largely between sampling dates (2 to 7 mg P/L) and is of the same order of magnitude as the average value at the inlet of Greater Nancy WWTP (4.7±1.7 mg P/L for years 2010 to 2012) and the UK average value (8.25 ± 0.9 mg P/L) given by Comber et al. (2013). The coefficients of correlation between classical pollution parameters at the sampling point FN are lower than for Fléville Village. This could be due to the effect of the wastewater from the industrial and commercial park. Optical parameters such as UV-vis absorbance, turbidity or fluorescence are often proposed as surrogate measurement of wastewater pollution (Bechmann et al., 2000): high coefficients of correlation have been obtained in all campaigns for turbidity and absorbance at 254 nm (A_{254}) with COD and for DOC and A_{254}. Tryptophan-like fluorescence is usually associated to amino acids and urine components containing an indole group (Baker et al., 2004). However the coefficients of correlation between F-T and $N-NH_4$ (essentially due to urine) were lower than between F-T and DOC, indicating than elements not related to toilets probably contribute to that fluorescence, such as food residues in kitchen greywater. F-H, related mostly to humic substances but also to detergents ingredients such as optical brighteners was rather well correlated to COD and DOC in the FV campaigns but not in the FN ones.

Alkaline earth elements were badly correlated to the classical pollution parameters. Table 3 presents the example of sodium and potassium. Potassium is taken up through food (table S3) is essentially released through the toilets (mostly in urine) at a rate of about 2 g/pe/day and a correlation with $N-NH_4$ was expected which is not the case. Its concentration (range of 15 to 25 mg K/L for the different campaigns) is much larger than the potable water potassium concentration about 3 mg/L) indicating some anthropogenic source. Sodium is a key element in laundry detergent (Patterson, 2001; Eriksson et al. 2002) and it cannot be eliminated in WWTP. It is also found in food, but its concentration depends upon the type of food. In the 84 typical French dishes analyzed in the Ciqual survey (2012), the average sodium concentration was 292±69 mg Na/100g edible (table S3). The wastewater sodium concentration was constant (≈100 mg Na/L) throughout the series of campaigns, much higher than the concentration brought by the drinking water (about 27 mg/L).

Heavy metals are essentially associated with particulate matter. However their release in wastewater was not only well correlated with COD but also with $N-NH_4$ (Table 4 and Figure 7). The coefficients of correlation are lower for FN than for FV. The average daily concentrations found on Aug 17-18, 2011 in Fléville Village for copper (52 mg/L), zinc (90 mg/L), aluminum (1260 mg/L) are of the order of magnitude of those found by Choubert et al. (2011a, 2011b) in different French WWTP influents (54±29 mg Cu/L, 137±90 mg Zn/L and 1310±1230 mg Al/L). The recommended daily intake (RDI) doses for copper and zinc are 1 and 10 mg/pe/day. The part which is not retained in muscle and bones (about 50% according to Zorbas et al., 2004, 2005) is discharged mainly through faeces. Copper and zinc can be release by plumbing. Zinc is also incorporated in tooth paste and rinse (Lynch, 2011) which could explained why more zinc was found in bathroom grey water (0.2 to 6.3 mg Zn /L) than in laundry grey water (0.09 to 0.34 mg/L) in Eriksson et al.'s review (2002). Manganese is also essential to human metabolism (glucides and lipids assimilation) with a RDI dose of 2 to 3 mg/pe/d. It is mostly excreted in faeces and urine (Kim et al., 2013) and the average daily concentration in FV wastewater was 47 µg/L. Based on a potable water consumption of 150 L/pe/day, the daily loads of copper, zinc and manganese are larger than the corresponding RDI doses.

Iron concentration is lower than in Choubert et al. study (2011b) (300 mg/L against 816±955 mg/L). The concentration of Pb in Fléville Village (Figure 7) is lower than 10µg/L, the European limit to be achieved in Dec 2013. A large increase in the Pb concentration is observed for FN in the evening. This is unlikely due to drinking water connections (2‰ for the total catchment). However lead used to stabilize PVC in wastewater connections between households and street sewers can be released (Lasheen et al., 2008). Other metals such as Co, Cd, Ni, etc could not be assessed as their concentrations were lower than the limit of quantification of the equipment.

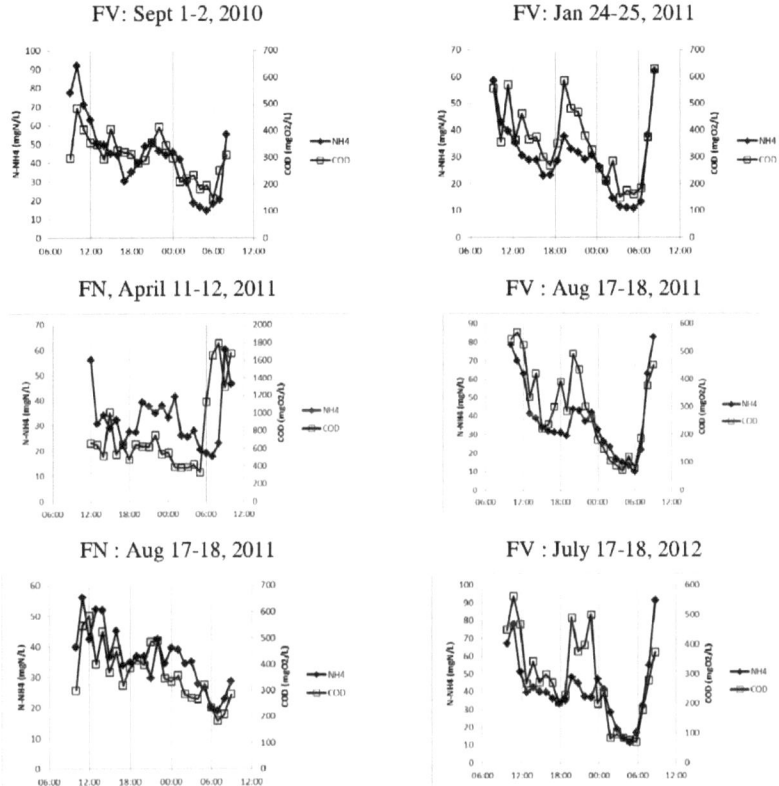

Figure 6: Daily variations of COD and N-NH₄ for the different campaigns

Table 3: Coefficients of correlation between different pollution parameters. n.a. = non available

	FV Sept 1-2, 2010	FV Jan 24-25, 2011	FV April 11-12, 2011*	FV Aug 17-18, 2011	FV Jul 17-18, 2012	FN April 11-12, 2011	FN Aug 17-18, 2011
Classical pollution parameters							
COD vs N-NH$_4$	0.77	0.87	0.41	0.86	0.73	0.05	0.76
DOC vs N-NH$_4$	0.76	0.8	0.59	0.75	0.77	0.31	0.63
COD vs DOC	0.91	0.9	0.69	0.87	0.87	0.13	0.63
COD vs CODf	n.a.	0.81	0.64	0.87	0.79	0.14	0.59
DOC vs CODf	n.a.	0.72	0.75	0.95	0.93	0.73	0.59
COD vs P	0.69	0.86	n.a.	n.a.	0.66	0.11	n.a.
N-NH$_4$ vs P	0.89	0.97	n.a.	n.a.	0.93	0.34	n.a.
Optical parameters							
COD vs A254	0.89	0.92	0.9	0.92	0.87	0.49	0.58
DOC vs A254	0.95	0.94	0.89	0.98	0.93	0.87	0.77
COD vs Turb	0.88	0.96	0.96	0.97	0.91	0.92	0.91
N-NH$_4$ vs F-T	0.77	0.8	0.69	0.7	0.78	0.43	0.77
DOC vs F-T	0.9	0.93	0.58	0.93	0.91	0.78	0.55
COD vs F-H	0.55	0.8	-0.18	0.68	0.81	0.48	0.25
DOC vs F-H	0.72	0.88	0.17	0.9	0.83	0.14	0.65
Sodium and potassium							
COD vs K	0.53	0.82	n.a.	n.a.	0.78	-0.62	n.a.
COD vs Na	0.49	0.28	n.a.	n.a.	0.26	-0.35	n.a.
N-NH$_4$ vs K	0.53	0.87	n.a.	n.a.	0.82	0.13	n.a.
N-NH$_4$ vs Na	0.45	0.2	n.a.	n.a.	-0.34	0.19	n.a.

* Only 14 samples were available for that campaign

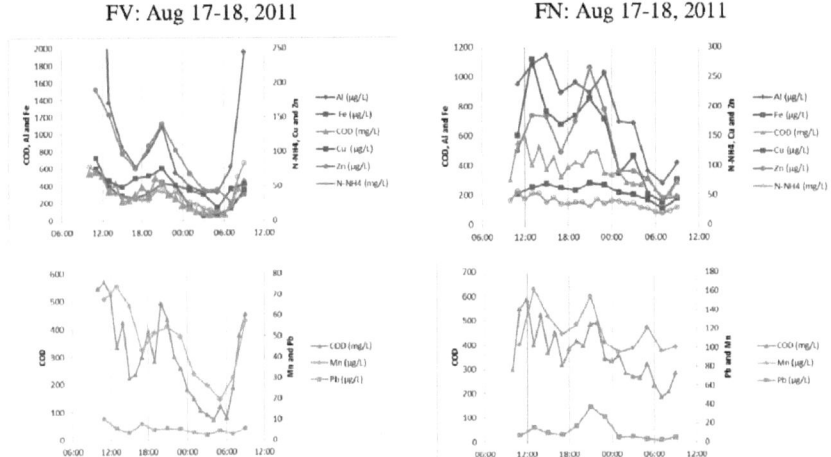

FV: Aug 17-18, 2011   FN: Aug 17-18, 2011

Figure 7: Daily variations of heavy metals for the different campaigns on Aug 17-18, 2011

Table 4: Coefficient of correlation between metal concentrations and classical pollution parameters (N-NH₄ and COD)

	FN: Aug 17-18, 2011		FV : Aug 17-18, 2011		FN : April 11-12, 2011		FV: April 11-12, 2011	
	N-NH₄	COD	N-NH₄	COD	N-NH₄	COD	N-NH₄	COD
Al	0.78	0.76	0.74	0.68	0.36	0.96	0.06	0.86
Cu	0.64	0.72	0.6	0.8	0.47	0.91	0.16	0.87
Fe	0.65	0.75	0.82	0.88	0.4	0.91	0.14	0.86
Mn	0.32	0.57	0.77	0.86	0.44	0.9	0.09	0.88
Pb	0.18	0.5	0.66	0.68	0.43	0.89	0.13	0.87
Zn	0.47	0.7	0.86	0.92	0.41	0.91	0.14	0.87

Conclusions

Wastewater volume and composition was monitored at the outlet of two urban catchments with different population structures. The catchment where 60% of the legal population is not present during a normal weekday (i.e. corresponding to sampling point FV) exhibited a clear diurnal pattern with a morning peak (at 10:00) and an evening peak (at 20:00 corresponding to dinner time). Both work and school activities were considered in terms of population mobility. The pattern was much less clear for the FN sampling point, which concerns during a normal weekday 140% of the total legal population of the two villages. No clear difference was observed along the year: summer days, where daily mobility out of the catchments should be reduced where similar to the patterns observed in other seasons. For both catchments the discharges of N-NH$_4$ (from urine), COD (from urine and greywater) and metals (Cu, Zn, Al, Fe and Mn) were well correlated. Rather surprisingly no such correlations were found with alkaline earth metals (sodium, potassium, etc). This lack of dependence should be more clearly investigated.

This study is a first attempt to introduce more information related to population structure in the modeling of daily wastewater load dynamics. It seems that the diurnal pattern with a morning peak and an evening peak should not only be associated to work mobility but that school mobility as well as the general lifestyle pattern of the population should be taken into account. Other information, which unfortunately is piecewise available, could be useful such as food composition (Charrondière et al., 2013), urination and defecation rate (Chung and Mastrigt, 2009; Arocha and McCann, 2013) presence of micropollutants in Pharmaceuticals and Personal Care Products. In the long term changes in the lifestyle (reduction of potable water use, increase of rainwater use, presence of under sink grinder, aging of the population) should be incorporated.

Acknowledgements

The authors wish to thank the Zone Atelier du Bassin de la Moselle and the Région Lorraine for their financial support.

References

Arocha J.S. and McCann L.M.J. 2013 Behavioral economics and the design of a dual-flush toilet. *Journal of the American Water Works Association*, **105**(2), 43-44.

Baker A., Ward D., Lieten S.H., Periera R., Simpson E.C. and Slater M. 2004 Measurement of protein-like fluorescence in river and waste water using a handheld spectrophotometer. *Water Research*, **38**, 2934–2938.

Bechmann H., Nielsen M.K., Madsen H. and Poulsen N.K. 1999 Grey-box modelling of pollutant loads from a sewer system. *Urban Water*, **1**, 71-78.

Biausque V., Thévenot C. and Wolff L. 2012 En 2010, les salariés ont pris en moyenne six semaines de congé (In 2010 workers are taking in average 6 weeks of vacations) *Insee Première*, 1422 (http://www.insee.fr).

de Castro J.M., Bellisle F., Feunekes G.J.J., Dalix A.M. and De Graff C. 1997 Culture and meal patterns: a comparison of the food intake of free-living American, Dutch, and French students, *Nutrition Research*, **17**(5), 807-829.

de Castro J.M. 2004 The time of day of food intake influences overall intake in humans, *Journal of Nutrition*, **134**, 104-111.

Charrondière U.R., Stadlmayr B., Rittenschober D., Mouille B., Nilsson E., Medhammar E., Olango T., Eisenwagen S., Persijn D., Ebanks K., Nowak V., Du J. and Burlingame B. 2013 FAO/INFOODS food composition database for biodiversity. *Food Chemistry*, **140**, 408–412.

Choubert J.M., Pomiès M., Martin Ruel S. and M. Coquery 2011a Influent concentrations and removal performances of metals through municipal wastewater treatment processes, *Water Science and Technology*, **63**(9), 1967-1973.

Choubert J.M., Martin-Ruel S., Budzinski H., Miège C., Esperanza M., Soulier C., Lagarrigue C. and, Coquery M. 2011b Removal of micropollutants by domestic conventional wastewater treatment plants and advanced tertiary process: specific method and results from the Amperes project. *TSM*, **106**, 44-62.

Chung J.W.N.C.H.F. and van Mastrigt R. 2009 Age and volume dependent normal frequency volume charts for healthy males. *Journal Of Urology*, **182**(1), 210-214.

CIQUAL, 2012, http://www.afssa.fr/TableCIQUAL/

Comber S., Gardner M., Georges K., Blackwood D. and Gilmour D. 2013 Domestic source of phosphorus to sewage treatment works. *Environmental Technology*, **34**(10), 1349-1358.

De Keyser W., Gevaert V., Verdonck F., De Baets B. and Benedetti L. 2010 An emission time series generator for pollutant release modelling in urban areas. *Environmental Modelling & Software*, **25**(4), 554-561.

Dauphin L. and Tardieu F. (2007) Vacances : les générations se suivent et se ressemblent... de plus en plus (Vacations: generations go on and are more and more similar). *Insee Première*, 1154 (http://www.insee.fr)

Eriksson E, Auffarth K., Henze M. and Ledin A. 2002 Characteristics of grey wastewater. *Urban Water*, **4**, 85–104.

Gernaey K.V., Flores-Alsina X., Rosen C., Benedetti L. and Jeppsson U. 2011 Dynamic influent pollutant disturbance scenario generation using a phenomenological modelling approach. *Environmental Modelling & Software*, **26**, 1255-1267.

Gevaert V., Verdonck F., Benedetti L., De Keyser W. and De Baets B. 2009 Evaluating the usefulness of dynamic pollutant fate models for implementing the EU Water Framework Directive., Chemosphere **76**, 27-35.

Göbel A., Thomsen A., McArdell C.S., Joss A. and Giger W. 2005 Occurrence and sorption behavior of sulfonamides, macrolides, and trimethoprim in activated sludge treatment. *Environmental Science & Technology*, **39**, 3981-3989.

Joss A., Zabczynski S., Göbel A., Hoffmann B., Löffler D., McArdell C.S., Ternes T.A., Thomsen A. and Siegrist H. 2005 Removal of pharmaceuticals and fragrances in biological wastewater treatment. *Water Research*, **40**:1686–96.

Kim W. J., Managaki S., Furumai H. and Nakajima F. 2009 Diurnal fluctuation of indicator microorganisms and intestinal viruses in combined sewer system. *Water Science and Technology*, **60**(11) 2791-2801.

Kim M.H., Kim E.Y. and Choi M.K. 2013 Estimated balance status of manganese in healthy young adults. *Trace elements and electrolytes*, **30**(2), 51-58.

Lasheen M.R., Sharaby C.M., El-Kholy N.G., Elsherif I.Y. and El-Wakeel S.T. 2008 Factors influencing lead and iron release from some Egyptian drinking water pipe, *Journal of Hazardous Materials*, **160**, 675–680.

Latini J.M., Mueller E, Lux M.M., Fitzgerald M.P. and Kreder K.J. 2004 Voiding frequency in a sample of asymptomatic American men. Journal Of Urology, **172**(3), 980-984.

Lynch R.J.M. (2011) Zinc in the mouth, its interactions with dental enamel and possible effects on caries; a review of the literature, *International Dental Journal*, **61**(SI-3),46-54.

de Meester T., Marique A.F., De Herde A. and Reiter S. 2013 Impacts of occupant behaviours on residential heating consumption for detached houses in a temperate climate in the northern part of Europe. *Energy and Buildings*, **57**, 313–323.

Miller J.M., Guo Y. and Rodseth S.B. 2011 Cluster analysis of intake, output, and voiding habits collected from diary data. *Nursing Research*, **60**(2), 115-123.

Ort C. and Gujer W. 2008 Sorption and high dynamics of micropollutants in sewers. *Water Science and Technology*, **57**(11), 1791-1797.

Patterson R.A. 2001 Wastewater quality relationships with reuse options. *Water Science and Technology*, 43(10), 147–154.

Plósz B.G., Leknes H., Liltved H. and Thomas K.V. 2010 Diurnal variations in the occurrence and the fate of hormones and antibiotics in activated sludge wastewater treatment in Oslo, Norway. *Science of the Total Environment*, **408**, 1915–1924.

Pons M.N., Spanjers H., Baetens D., Nowak O., Gillot S., Nouwen J. and Schuttinga N. 2004 Wastewater Characteristics in Europe – A Survey, E-Water, ISSN 1994-8549.

Roos, E., Prättälä, R. 1997 Meal patterns and nutrient intake among adult Finns. *Appetite*, **29**, 11–24.

Salgado R., Marques R., Noronha J.P., Mexia J.T., Carvalho G., Oehmen A. and Reis M.A.M. 2011 Assessing the diurnal variability of pharmaceutical and personal care products in a full-scale activated sludge plant. *Environmental Pollution*, **159**, 2359-2367.

Zorbas Y.G., Kakurin V.J., Charapahkin K.P., Yarullin V.L. and Matvedev S.N. 2003 Zinc measurements during hypokinesia and zinc supplementation in determining zinc retention during hypokinesia in normal subjects. *Nutrition Research*, **23**, 869–878.

Zorbas Y.G., Kakurin V.J., Kuznetsov N.A. and Deogenov V.A. 2004 Copper absorption during and after hypokinesia in copper supplemented and unsupplemented healthy subjects. *Nutrition Research,* **24**, 889–899.

Supplementary material

Table S1: Daily excretion of N-NH₄, urea, Tot-N and tot-P

	N-NH$_4$ (g/pe/day)	Urea (g/pe/day)	Tot-N (g/pe/day)	Tot-P (g/pe/day)
URWARE	10.3 (urine)		11 (urine)	0.9 (urine)
	0.3 (faeces)		1.5 (faeces)	0.5 (faeces)
Fittschen et Hahn, 1998 (average of 19 individuals)	0.571 (urine)	16.8 (urine)	10.8 (urine)	0.93 (urine)
Schouw et al. 2002 (average of 15 individuals)			7.9 (total)	1.6 (total)
Fraction urine (3 individuals)			80 – 95 %	55- 70%
Udert et al. 2006 (based on a volume of 1.25 L/pe/day	0.68 (urine)	9.63 (urine)	11.5 (urine)	0.93 (urine)
Jönnsson et al., 1997			4.9 (urine)	0.42

Table S2: Daily excretion of copper, zinc and potassium

	Copper	Zinc	Potassium
Urware	1.1 mg/pe/day (urine) 1 mg/pe/day (faeces)	0.3 mg/pe/day (urine) 10.7 mg/pe/day (faeces)	2.4 g/pe/day (urine) 0.9 g/pe/day (faeces)
Snyder et al. 1975	3.5 mg/pe/day (total)	13 mg/pe/day (total)	3.3 g/pe/day (total)
Schouw et al. 2002 (average of 15 individuals)	1.5 mg/pe/day (total) (100% faeces)	9 mg/pe/day (total) (100% faeces)	2.7 g/pe/day (total)
Hansen and Tjell (cited by Schouw)	0.7 – 0.9 mg/pe/day (total)	9-15 mg/pe/day (total)	0.2 – 0.3 mg/pe/day (total)
Fittschen et Hahn, 1998 (average of 19 individuals)			2.6 g/pe/day (urine)
Koch and Rotard (2001)	1.96 mg/pe/day (faeces)	0.16 mg/pe/day (urine) 11 mg/pe/day (faeces)	
Jönsson et al., 1997			1.34 g/pe/day (urine)

Table S3: Range of microelements in 84 typical French dishes (in mg per 100g edible food) (Data source: http://www.afssa.fr/TableCIQUAL/)

	Minimum	Maximum
Na	85	1880
K	7.5	576
Ca	5.1	517
Mg	4.91	55.6
P	22	674
Fe	0.27	2.5
Zn	0.148	3.54
Cu	0.0255	1
Mn	0.0207	1

Résumé

La variabilité de la pollution urbaine est liée à l'activité humaine qui est elle-même très variable (journalière, hebdomadaire, annuelle, pluri-annuelle). Afin de développer un modèle qui permet de prédire ces différentes variabilités on se sert des études démographiques, de l'utilisation de l'espace à partir de données cadastrales et des photographies aériennes, des campagnes de prélèvements sur 24h etc. L'exemple de la Communauté Urbaine du Grand Nancy sur l'utilisation de ces outils est illustré dans ce travail. Les résultats de campagnes de prélèvement sur trois type de sous-bassins (village semi-rural, zone résidentielle, zone résidentielle avec un grand hôpital) en fonction de l'activité humaine (jour versus nuit, repas, lavage) sont discutés. Une meilleure anticipation de la variabilité de la pollution arrivant dans les installations de traitement des eaux résiduaires permettrait d'améliorer leur gestion et donc de leur performance. Les campagnes ont également permis une meilleure compréhension de la variabilité de certains micropolluants tels que les métaux lourds, les alcalins et alcalino-terreux.

La pollution est plus variable dans une grande ville que dans une localité rurale, elle est liée aux apports des activités professionnelles sur les différents sites. La variabilité dépend de la nature du réseau de collecte, de style de vie, de la démographie du bassin de collecte (en termes de répartition spatiale et de classe d'âge, etc.), des zones étudiées. Les macro-polluants (C, N-NH4, P) et les micro-polluants métalliques (Na, K, Mg, Ca, Cu, Zn, Mn, Fe, Al) ont été caractérisés. Deux pics de pollution ont été observés : le premier pendant le matin vers 10h00 et le second pic en début de soirée vers 20h00. Pour les zones résidentielles le premier pic correspond à l'activité humaine du matin avant de quitter la maison pour travailler, le deuxième pic correspond aux activités à l'heure du retour à la maison après une journée de travail. On n'a pas trouvé un schéma propre aux zones mixtes (résidentielles avec des activités commerciales, industrielles et hospitalières). Les variations du débit et de la composition des eaux usées reproduisent très bien le cycle humain. Dans ce travail, on a tenu en compte les modifications démographiques, l'occupation du sol et le déplacement domicile-travail sur les sites étudiés.

Mots-clefs : eaux usées, métaux lourds, pollution, modification démographiques, azurant optique, espace vert, pollution domestique

Abstract

The variation of urban pollution related to human activity depends on several spatial and temporal scales: daily, weekly, annual, multi-year. To develop a model predicting this variations, different tools are used including demographic characteristics (age, sex, income), on the basis of cadastral data and aerial photographs and sampling campaigns on 24h. The use of these tools is illustrated with the example of the Urban Community of Greater Nancy. The results of sampling campaigns in three different catchments (semi-rural village, residential area, and residential area with large hospital) are discussed, considering its relation with the human activities (day versus night, meals, laundry). Better anticipating the variability of pollution which arrived to the wastewater treatment plant would improve their management and therefore their performances. These measurements also allowed a better understanding of the variability of some micropollutants such as heavy metals, alkali metals and alkaline-earth metals.

The daily variation pattern in the big city is less marked than rural communities. This variability is probably related to the contributions of professional activities on different sites. It depends on the modification of the collection network, lifestyle, demographics on the water catchment, in terms of spatial distribution and age class in the studied area. The macropollution (C, N-NH4, P) and metal micropollution (Na, K, Mg, Ca, Cu, Zn, Mn, Fe, Al) were considered. Pollution peaks were observed: For residential areas, the first peak corresponds to human activity in the morning (around 10:00) before leaving home to work, the second peak corresponds to the activities at the time of returning home (around 20:00) after a day's work. We did not find a proper scheme for mixed zones (residential with commercial, industrial and hospital activities). Variations in flow and composition of the wastewater reproduce very well the human cycle, taking into account modifications in population, information on land use and daily journeys between home and work in the studied sites.

Keywords: grey water, metals, pollution, population mobility, optical brightener, green space, domestic pollution.

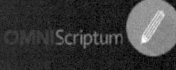

Printed by Books on Demand GmbH, Norderstedt / Germany